5~8세 우뇌 성... 기적 Collect 26

우리 아이 첫 사고력 습관 365일력

엄마표 수학의 원조 임미성 감수

★ 고다마 미쓰오 지음 · 송유선 옮김 · 임미성 감수 ★

토끼와 줄다리기하는 동물은 누구일까?

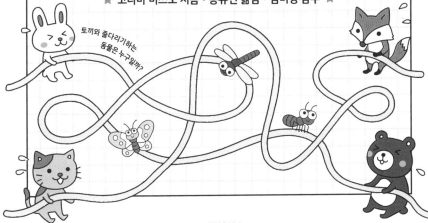

📖 동양북스

저자 소개

고다마 미쓰오

일본 최초 '우뇌 IQ' 개념 도입!
뇌활성 트레이너. 오테몬가쿠인대학 특별 고문. 스포츠 심리학자.

교토대학 공학부를 졸업한 후 미국 UCLA대학원에서 공학 석사 학위를 취득했다. 스미토모전기공업연구개발본부에 근무 후, 미국올림픽위원회스포츠과학부문 본부에서 최첨단 스포츠과학 연구에 종사했다. 일본에 귀국한 후에는 톱 선수의 멘탈 트레이너로서 독자적인 이미지 트레이닝 이론을 개발. 프로 스포츠 선수를 중심으로 우뇌 개발 트레이닝에 종사했다. 가노야체육대학 교수를 거쳐 현재는 오테몬가쿠인대학 특별 고문으로 활동 중이며 일본스포츠심리학회 회원이다. 주요 저서는 《유아 우뇌 드릴》 시리즈 ①~③, 《능력 개발 전문가가 만든 상상력과 산수력이 점점 자라는 어린이 뇌 트레이닝 드릴》, 《1일 10분으로 뇌가 젊어진다! 멍청해지지 않는 사람이 되는 드릴》 등이 있으며 저작물은 200권 이상이다.

홈페이지 m-kodama.com   Facebook mitsuo.kodama.9   Twitter mitsuo_kodama

Collect
26
우리 아이 첫 사고력 습관 365일력

1판 1쇄 인쇄 2023년 10월 20일
1판 1쇄 발행 2023년 11월 27일

지은이 고다마 미쓰오
발행인 김태웅
기획편집 김유진, 정보영
디자인 어나더페이퍼
마케팅 총괄 김철영
마케팅 서재욱, 오승수
온라인 마케팅 정경선
인터넷 관리 김상규
제작 현대순
총무 윤선미, 안서현, 지이슬
관리 김훈희, 이국희, 김승훈, 최국호
발행처 ㈜동양북스
등록 제2014-000055호
주소 서울시 마포구 동교로22길 14(04030)
구입 문의 전화 (02)337-1737 **팩스** (02)334-6624
내용 문의 전화 (02)337-1734 **이메일** dymg98@naver.com

ISBN 979-11-5768-965-1 12590

동양북스×콜렉트
오래 곁에 두고 펼쳐보고 싶은 책   인스타그램 @your_collect에서 출간 소식과 다양한 이벤트를 가장 먼저 만날 수 있습니다.

"우뇌 계발과 수학적 사고력, 두 마리 토끼를 잡아요."

감수자_ **임미성**

엄마표 수학의 원조! 《수학의 신 엄마가 만든다》 저자

사고력 수학 전문 교육 기관에서 10여 년을 일한 제 눈에 이 책은 '**수학 잘하는 아이로 키우기에 딱 맞는 엄마표 두뇌 계발 퍼즐북**'으로 여겨졌습니다. 실제로 저도 두 아이가 어렸을 때부터 초등학교에 다니는 내내 수학 문제집뿐만 아니라 '멘사퍼즐' 같은 퍼즐북을 아이들과 같이 풀었습니다. 그때는 '어디에 도움이 될까.' 하는 목적이 있었다기보다는 일종의 놀이라 여기며 문제를 다양한 시각으로 볼 수 있겠다는 정도의 생각을 했습니다. 아이들은 문제를 풀면서 성취감을 느끼고 더 어려운 문제에 도전하게 되고 더 큰 성취감을 맛보게 되는 선순환의 고리가 만들어졌습니다. 첫째 아이 용균이가 수학 경시에서 두각을 나타내고 민사고와 서울대에 진학하였으며, 4학년에 이른바 '수포자'가 될 뻔했던 둘째 아이 윤지가 끈기 있게 수학을 포기하지 않고 의학대학원에 진학한 것은 분명 놀이처럼 시작한 퍼즐북이 가져온 나비효과였다고 지금까지 확신하고 있습니다.

Original Japanese title: KODOMO UNO DRILL 366

Copyright © 2022 Mitsuo Kodama
Japanese paperback edition published by KAWADE SHOBO SHINSHA Ltd. Publishers
Korean Translation Copyright ©2023 DONGYANGBOOKS CO., LTD.

Korean translation rights arranged with KAWADE SHOBO SHINSHA Ltd. Publishers
through The English Agency (Japan) Ltd. and Duran Kim Agency

★ ★ ★

흔히 수학이라고 하면 '계산력'을 떠올립니다. 실제로 초등 저학년 수학 영역 중 수·연산 영역이 차지하는 비율은 50%가 넘지요. 하지만 고학년이 될수록, 중·고등학교로 갈수록 수학이 어려워지는 것은 '계산력'이 아니라 도형이나, 확률, 함수 같은 영역입니다. 또한, 수학을 '잘'하기 위해서는 집중력·관찰력이 중요하고, 다른 점과 공통점 찾기나 연관 있는 것들을 매칭 또는 분류하기, 규칙 찾기, 부피나 넓이를 비교하거나 공간의 크기 또는 형태의 변화 및 차이를 알아차리는 능력들이 필요합니다.

그런데 이 책에는 계산이나 숫자 세기 같은 단순 반복 좌뇌형 문제보다는 도형이나 그림 등을 통해 시각적으로 문제를 보고, 직관력과 통찰력을 이용해 문제를 해결하는 우뇌형 문제들이 많습니다. 그런 점에서 이 책은 어렸을 때, 공부를 처음 시작할 때, 수학의 다양한 영역들을 놀이나 퍼즐 게임처럼 재미있게 경험해 볼 수 있는 매력적인 책입니다.

★ ★ ★

그리고 이 책은 매일 1문제씩 적은 시간과 노력을 들여 큰 열매를 거둘 수 있는 책입니다. 다소 호흡이 긴 1년간의 프로젝트처럼 하루하루 아이와 문제를 풀다 보면 사고력 성장뿐만 아니라 학습적으로 얻을 수 있는 부수적인 장점들이 있습니다. 첫째, 지구력이 생깁니다. 1년을 한결같이 매일 1문제씩 푸는 것은 인내심과

감수 **임미성**

대학에서 통계학을 전공하고 공기업에서 일했다. 출산 후 방송통신대학교에서 영어영문학을 전공했고, 한국어 교원 자격증을 취득했다. 첫째 용균이가 공신(공부의 신 1기 멤버)으로 활동하면서 공신 엄마로 불렸다. 첫째 아이는 대통령 과학 장학생으로 서울대 수리과학부를 졸업했고 지금은 미국 듀크대에서 경제학 박사 과정을 밟고 있다. 둘째는 연세대학교 생화학과를 졸업하고 이화여대 의학전문대학원을 거쳐 현재 레지던트 과정 중이다.

자녀들이 모두 자신의 길로 접어들자, 사고력 수학 학원인 CMS로 자리를 옮겨 원장으로 재직했으며 지금은 수학이 일깨우는 다양한 가능성에 대해서 강연과 저작, 컨설팅을 통해 대중들과 활발하게 소통을 이어가고 있다. 저서로는 《수학의 신 엄마가 만든다》, 《수학 잘하는 아이는 어떻게 공부할까?》가 있다.

번역 **송유선**

대학에서 일어일문학을 전공했다. 현재 출판 기획자로 일하며 동시에 일본어 번역가로 활동 중이다. 옮긴 책으로는 《빵 만들 때 곤란해지면 읽는 책》, 《제과의 기본》, 《촉촉한 파운드케이크 레시피》, 《테이스티 머핀&컵케이크》, 《처음 하는 필라테스》, 《나를 위해 거절합니다》 등이 있다.

끈기가 필요하니까요. 둘째, 자신이 얼마만큼 성장했는지를 확인할 수 있습니다. 짧은 기간에는 성장 곡선이 가파르지 않아 보일 수 있지만 1년이라는 기간은 아이들이 얼마나 성장했는지 아이 자신도 실감하게 됩니다. 셋째, 자연스럽게 좋은 습관이 형성됩니다. 스스로 1년이라는 기간을 꾸준히 노력하다 보면 규칙적인 습관이 몸에 배는 것이지요. 이런 습관은 더 큰 학습에 도전하게 하는 선순환의 고리를 만들어 줄 겁니다.

만약 우뇌 계발, 수학적 사고력 공부를 이 책으로 처음 시작한다면 도움이 될 몇 가지 팁을 소개하니 먼저 읽어본 후 시작하길 권합니다.

① 책 속에는 '사다리 타기'처럼 아이가 처음 접하는 문제가 있을 수 있습니다. 이런 것들은 엄마 또는 아빠가 미리 방법을 알려주세요.

② 블록 쌓기나 정육면체 퍼즐 등은 먼저 그림을 보고 직관적으로 예상하게 하고, 집에 있는 연결 큐브나 블록 등을 이용해 직접 만들어보게 해 예상했던 결과와 같은지 비교해 보는 것도 좋습니다.

③ 9월 5일에 처음 나오는 뒤집기 문제의 경우 거울을 점선과 수직으로 놓아 비춰 보고 정답을 찾도록 합니다.

④ 정육면체의 전개도 같은 경우 전개도를 직접 만들어 보거나, 다양한 그림을 만들어 응용해도 좋습니다.

참고문헌

· 児玉光雄 감수, 1日1分で子どもの集中力が育つ右脳ドリル366, PHP研究所

· 児玉光雄, 1日10分で脳が若返り!ボケない人になるドリル, 河出書房新社

· 児玉光雄, 脳年齢若返りドリル, 成美堂出版

· 児玉光雄, 60代から簡単に右脳を鍛えるドリル, 三笠書房

· 児玉光雄, 幼児からの右脳ドリル- シリーズ①〜③, 水王舎

· 児玉光雄, そうぞう力とさんすう力がみるみる育つ こども脳トレドリルM, アスコム

· 芦ケ原伸之, 1年遊べるパズルの本, ごま書房

· 稲葉直貴, 大人の算数パズル 図形ストレッチ, すばる舎

⑤ 비슷한 형태의 문제가 반복해서 나오므로 만약 아이가 어려워하면 그 부분을 건너뛰거나 반복해서 진행해도 됩니다. 저자는 한 문제 1분 해결을 권장하지만, 잘 모르는 문제는 10분 이상 고민해도 좋다고 생각합니다. 오늘 문제를 못 풀었다면, 내일 다시 풀어봐도 좋습니다. 다만, 아이가 너무 어렵다고 도망가지 않도록 절대 강요하진 마세요.

⑥ 우뇌 발달이나 사고력, 창의력 발달은 단기간에 좋아지지 않는다는 것을 잊지 마세요. 하루에 1문제씩 꾸준히 풀게 하는 의도가 그것입니다.

⑦ 하반기로 갈수록 어린아이에게 어려울 수도 있는 문제들이 나옵니다. 어떤 문제인지 설명만 해주고 다음해, 해당 날짜부터 다시 시작해도 좋겠습니다.

★ ★ ★

마지막으로 《우리 아이 첫 사고력 습관 365일력》을 접하고, 끈기 있게 12월 31일까지 풀어내기 위해서는 아이의 노력도 물론 중요하지만, 아이에게 적절한 격려와 칭찬으로 중도 포기하지 않게 하는 엄마 혹은 아빠의 정성도 필요하다는 말씀을 드리고 싶어요. 가볍고 즐거운 마음으로 시작해 우뇌 계발과 수학적 사고력 두 마리 토끼를 잡을 수 있기를 바랍니다.

"이 책과의 만남이
우리 아이의 운명을 바꿀지도 모릅니다."

지은이_ **고다마 미쓰오**

AI 인공지능 시대,
우뇌 인간이 살아남는다!

이 책에는 그림으로 우뇌를 활성화시키는 문제가 366개 게재되어 있습니다. 매일 1문제씩 1년에 걸쳐 푸는 습관을 붙이면 자녀의 두뇌 중 '사고력', '직관력', '화상 기억력'과 같은 우뇌에 특화된 능력을 비약적으로 향상됩니다.

우뇌는 앞으로의 AI 시대에 더욱 중요할 역할을 담당하게 될 것입니다. 좌뇌의 역할, 문자나 숫자를 통한 정보 처리는 대부분 컴퓨터로 대체될 수 있지만, 우뇌의 기능은 인공지능의 급격한 발달이 있다고 하더라도 그 기능을 전부 컴퓨터로 대체할 수 없으니까요. 극단적으로 말해 앞으로 살아남는 것은 사고력, 발상력, 직관력이 뛰어난 우뇌 인간일 수밖에 없는 것이죠. 그래서 우리는 아이의 뇌 발달이 현

정삼각형 안에 원이 있고,

그 안에 다시 정삼각형이 있어요.

작은 정삼각형의 면적(넓이)은

큰 삼각형의 몇 분의 1일까요?

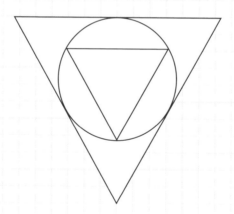

✏️ 발상력 · 추론-논리력 · 공간지각력 정답!

저한 5세부터 12세, 특히 8세까지 우뇌를 철저하게 계발해야 합니다.

오늘부터 365+1일간 아이와 함께 이 책에 수록된 문제를 착실하게 푸는 습관을 들이면 공부뿐만 아니라 운동이나 예술에서도 중요한 역할을 하는 우뇌가 활성화 되어 앞으로의 AI 시대에 살아남는, 활약할 수 있는 아이로 자라날 것입니다.

재미있으면 습관화되고, 우뇌는 점점 성장한다!

저는 일본에서 처음으로 '우뇌 IQ'라는 개념을 도입하여 현재도 그 보급에 최선을 다하고 있습니다. 특히 어렸을 때부터 우뇌를 단련한 아이는 초등학교에 입학하고 나서도 문제를 효율적으로 풀어 우수한 성적을 거두었습니다. 또한 어느 대형 학원에서 100명이 넘는 초등학생에게 우뇌 IQ 문제를 풀게 한 적이 있는데, 그 결과 문제를 잘 푼 아이는 학원 성적도 좋다는 것이 판명되었죠.

우뇌 IQ 문제가 학교 공부보다 재미있다며 즐거워하는 아이도 많았습니다. 우뇌 활성화 문제를 풀면 아이는 즐기면서 뇌를 단련할 수 있는 것입니다.

그리고 되도록 우리 아이가 이 책을 매일 같은 시간에 1문제씩 풀도록 습관화시켜 주시길 바랍니다. 그러면 뇌에서 작업 흥분★이라는 메커니즘이 활성화되고, 매일 자발적으로 문제에 몰두하게 되어 뇌의 활성이 촉진되니까요.

①~④의 어떤 것을 조립해야
위 그림과 같은 모양의 상자가 만들어질까요?

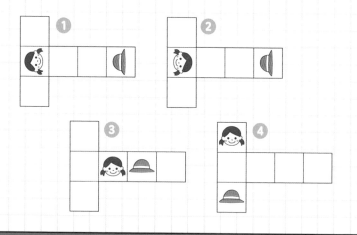

 추론-논리력 · 공간지각력

정답!

또한 이 책 속 문제는 아이뿐만 아니라 어른도 충분히 즐길 수 있으므로, 자녀와 함께 가족 모두 즐겨주시기를 바랍니다!

★ **작업 흥분**: 처음엔 의욕이 없던 것도 하기 시작하면 어느 순간엔가 그것에 몰두하게 되는 현상. 뇌에는 '의욕'을 만들어내는 '측좌핵'이라는 부위가 있는데, 이 부위는 이유 없이 행동했을 때 활성화한다고 판명되었다. 즉, 한 번 하기 시작하면 '측좌핵'이 자기 흥분을 일으켜 행동이 지속되는 것을 말한다.

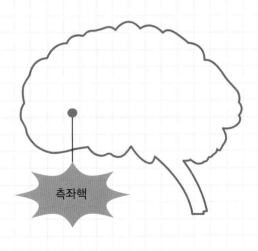

[?]에 들어갈 것은 ①~④ 중 무엇일까요?

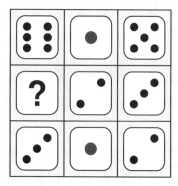

①   ②   ③   ④

 직관력 · 추론-논리력 · 수리력   정답!

이 책의 효과적인 사용법

- 한 문제당 1분 이내를 목표로 풀어보세요. 보다 집중력이 높아집니다.
- 정답은 엄마 또는 아빠가 맞춰주세요. ※정답과 풀이는 별책 부록에 있습니다.
- 한 권을 다 풀었다면 한 문제당 시간을 약간 단축해서 한 번 더 도전해 보세요.
- 이 책은 주로 유아부터 초등학교 저학년까지를 대상으로 하고 있지만, 우뇌 발달에 '몇 살부터'라는 정해진 나이는 없습니다.

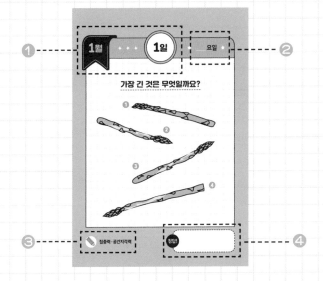

① 1월 1일부터 12월 31일까지 난도가 점점 높아집니다. 되도록 매일 1문제씩 순서대로 풀게 해 주세요. 발달 정도에 따라 이해할 수 없는 문제도 있을 수 있습니다. 그 경우에는 건너뛰어도 상관없습니다. 즐기면서 푸는 것이 가장 중요합니다.

정사각형의 울타리 안에 동물이 있어요.

4개의 직선을 그어 동물이 한 마리씩

들어가도록 나누어보세요.

정답!

※ 만약 하루 한 문제를 풀고 아이가 아쉬워한다면, 동양북스 홈페이지-도서 자료실에서 엄마표 놀이법 "사고력 습관+plus" 자료를 다운받아 활용해 보세요. 감수자이자 '엄마표 수학의 원조' 임미성 작가가 해당 문제와 연결 지어 집에서 따라 해 볼 수 있는 놀이법을 알려드립니다.

❷ 이 책은 만년 일력입니다. 오늘의 요일을 적을 수 있는 칸을 만들었으니, 아이와 함께 문제 푼 날짜를 기록해 보세요.

❸ 문제마다 '공신 엄마'이자 사고력 수학 전문 학원CMS 원장이었던 감수자가 국내 실정에 맞춰 수학적 사고력에 도움이 되는 7가지 영역을 안내했으니, 학습에 참고 해보세요. 해당 문제를 풀기 위해 필요한 능력이기도 하고, 문제를 풀면서 이 영역 이 성장한다는 의미이기도 합니다.

집중력 - 문제나 지문의 그림 등을 이해하고 파악하기 위해 주의를 쏟는 힘을 말합니다.

직관력 - 문제 풀이 방향을 한눈에 파악할 수 있는 능력입니다. 수학적 직관력은 수학 실력 을 향상시키기 위해 매우 중요합니다.

발상력 - 문제 해결 과정의 열쇠와 같으며 창의력과도 연결됩니다. 열쇠를 쥐고 있으면 문 제 해결이 빠르고 간단해집니다.

추론-논리력 - 단계별 문제 해결 과정에 필요한 능력으로, 산의 정상에 오르기 위해서는 한 계단 한 계단 밟고 올라가야 하는 것처럼 단계에 따른 처리 과정을 말합니다.

관찰력 - 같은 그림이나 다른 그림 찾기 등 세밀한 차이점을 주의 깊게 살펴보는 능력으로 문제 풀이의 첫 단추 역할을 합니다.

공간지각력 - 공간의 이동이나 위치, 관계 등을 인식하고 그 특성을 파악해내는 능력을 말 합니다.

수리력 - 계산 능력과 수학적 이해 능력으로 수학의 토대가 됩니다. 신속, 정확성을 요구하 지만, 특히 정확도를 높이는 습관이 중요합니다.

❹ 아이에게 직접 정답을 적도록 해 보세요. 스스로 공부하는 습관에 도움이 됩니다.

12월 ★ ★ ★ **27일** ★ ___요일 ★

[?]에 들어갈 것은 ①~⑤ 중 무엇일까요?

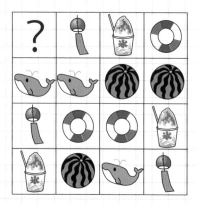

 ①
 ②
 ③
 ④
 ⑤

✏️ 직관력 · 발상력 · 추론-논리력

정답!

"우리 아이 사고력 키우는 365+1일! 출발합니다."

9개의 동그라미를 나열한 정사각형이 있어요.

4개의 동그라미를 움직여 크기가 2배인

정사각형을 만들어보세요.

발상력 · 추론-논리력 · 공간지각력　　정답!

가장 긴 것은 무엇일까요?

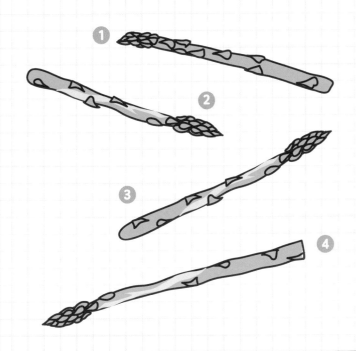

 집중력·공간지각력

정답!

서로 엉킨 6개의 링을 하나의 사슬로
만들려면 어떤 링을 빼면 될까요?

추론-논리력·관찰력

정답!

같은 개수인 것끼리 선으로 이어보세요.

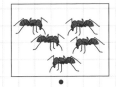  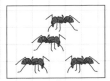

  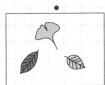

 집중력·수리력

정답!

등대의 빛을 보고 있으니

4회 깜빡이는 데에 12초 걸렸어요.

8회 깜빡이려면 몇 초 걸릴까요?

발상력 · 추론-논리력 · 수리력

정답!

개와 놀 수 있는 친구는 누구일까요?

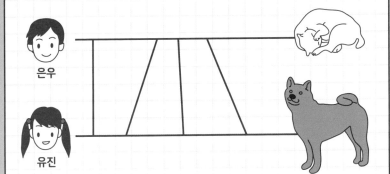

은우

유진

집중력·공간지각력

정답!

성냥개비 3개로 만든 정삼각형이 있어요.

성냥개비를 3개 더 사용하여

정삼각형 8개를 만들 수 있을까요?

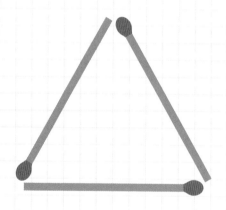

발상력 · 추론-논리력 · 공간지각력　　정답!

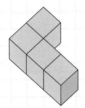

위 블록과 같은 모양의 블록은
어느 것일까요?

1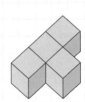

2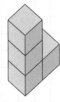

3

4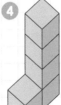

관찰력 · 공간지각력

정답!

12월 22일 ★ ___요일 ★

[?]에 들어갈 것은 ①~④ 중 무엇일까요?

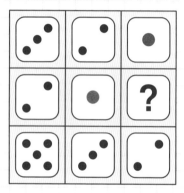

❶   ❷   ❸   ❹

직관력 · 추론-논리력 · 수리력   정답!

오른쪽 그림 가운데 왼쪽에 없는 그림을 찾아 ○표 해 보세요.

 집중력·관찰력

정답!

정사각형의 울타리 안에 동물이 있어요.

3개의 직선을 그어 동물이 한 마리씩

들어가도록 나누어보세요.

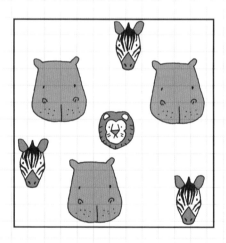

발상력 · 공간지각력

정답!

아래 그림에서 개수가 가장 많은 것은
①~④ 중 무엇일까요?

 집중력·관찰력·수리력

정답!

[?]에 들어갈 것은 ①~⑤ 중 무엇일까요?

 발상력 · 추론-논리력

정답!

7일 ★ _____요일 ★

위 꽃님 그림과 다른 모양을
아래에서 찾아 ○표 해 보세요.

집중력·관찰력

정답!

[?]에 들어갈 것은 ①~④ 중 무엇일까요?

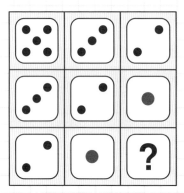

 직관력 · 추론-논리력 · 수리력

정답!

위 그림과 같은 조합은 어느 것일까요?

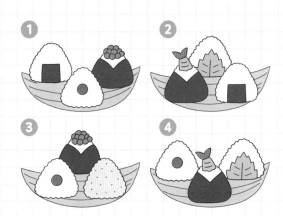

① ② ③ ④

정사각형의 목장에 4종류의 동물이 있어요.

다른 종류의 동물이 같이 있지 않도록

점선을 따라 같은 모양의 4개의 목장으로

나누어보세요.

직관력 · 발상력 · 공간지각력

정답!

두 개의 울타리 안에 있는 돼지의 숫자를 같게 하려면 오른쪽 울타리에 돼지를 몇 마리 더 넣어야 할까요?

① 1마리   ② 2마리

③ 3마리   ④ 4마리

관찰력·수리력

정답!

위 그림은 ①부터 ④ 중 3개를 합친 것이에요.
남는 것은 무엇일까요?

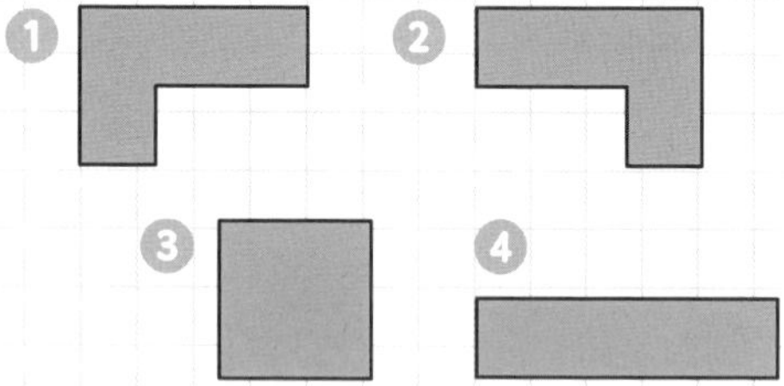

① ② ③ ④

아래 그림에서 개수가 가장 많은 신발은
①~⑤ 중 무엇일까요?

 집중력·관찰력·수리력

정답!

100원짜리 동전이 9개 나열되어 있어요.
위치만 바꾸어 하나의 변을 4개에서
5개로 만들 수 있을까요?

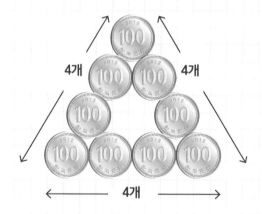

발상력 · 추론-논리력 · 공간지각력　　정답!

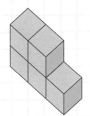

위 블록과 같은 모양의 블록은
어느 것일까요?

①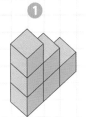

②

③

④

 관찰력 · 공간지각력

정답!

[?]에 들어갈 것은 ①~⑤ 중 무엇일까요?

 ①

 ②

 ③

 ④

 ⑤

 직관력 · 발상력 · 추론-논리력

정답!

케이크를 먹을 수 있는 친구는 누구일까요?

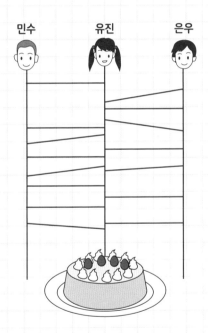

 집중력·추론-논리력·공간지각력

정답!

정사각형의 울타리 안에 동물이 있어요.
3개의 직선을 그어 동물이 한 마리씩
들어가도록 나누어보세요.

발상력 · 추론-논리력 · 관찰력

정답!

아래 그림에서 개수가 다른 자동차는
①~③ 중 무엇일까요?

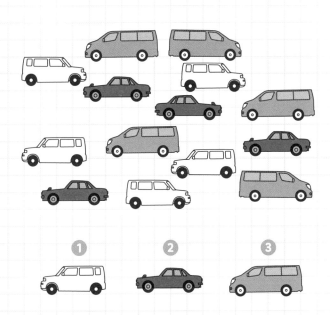

 집중력·관찰력·수리력

정답!

①~⑤는 어느 도형을 2개 합친 것이에요. 다른 하나는 무엇일까요?

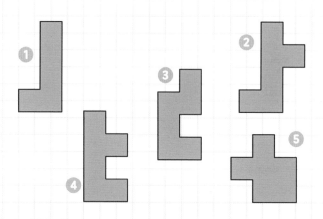

 직관력 · 공간지각력

정답!

위 그림과 같은 조합은 어느 것일까요?

1

2

3

4

 집중력·관찰력

정답!

아래와 같이 나열된 8개의 100원짜리

동전이 있어요. 100원짜리 동전을 최소한

몇 개 더 놓아야 가로와 세로가 모두

4개씩 놓이게 될까요?

① 1개 ② 2개 ③ 3개 ④ 4개

발상력·추론-논리력·수리력

정답!

다른 곤충과 연결되지 않은 것은
무엇일까요?

① 나비　② 개미　③ 무당벌레　④ 하늘가재　⑤ 잠자리

 집중력·추론-논리력

정답!

[?]에 들어갈 것은 ①~④ 중 무엇일까요?

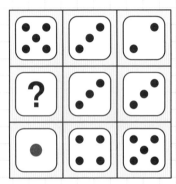

①   ②   ③   ④

 직관력 · 추론-논리력 · 수리력   정답!

위 블록과 같은 모양의 블록은
어느 것일까요?

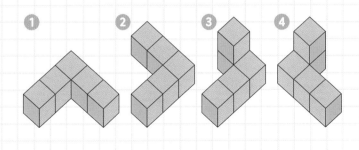

점선을 따라 10칸, 6칸 2개로 나누고

그것을 조립하여 정사각형을 만들어보세요.

잘라야 하는 부분에 선을 그어요.

같은 개수인 것끼리 선으로 이어보세요.

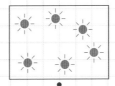

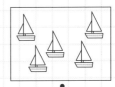

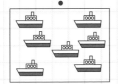

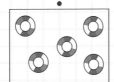

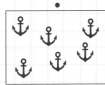

직관력·수리력

정답!

[?]에 들어갈 것은 ①~⑤ 중 무엇일까요?

① ② ③ ④ ⑤

직관력 · 발상력 · 추론-논리력   정답!

가장 키가 큰 꽃은 무엇일까요?

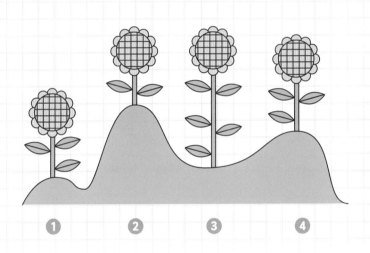

① ② ③ ④

직관력·공간지각력

정답!

[?]에 들어갈 것은
①~③ 중 무엇일까요?

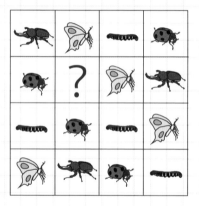

①   ②   ③   ④

 발상력 · 추론-논리력 · 관찰력

정답!

빈칸에 들어맞는 퍼즐은 무엇일까요?

①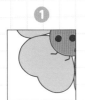
②
③
④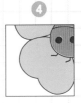

※부록을 활용해요!

 추론-논리력·관찰력

정답!

성냥개비로 정사각형을 만들었어요.

여기에 성냥개비 2개를 더하면 오른쪽처럼

같은 모양이 2개 생겨요. 이번에는

왼쪽 정사각형에 성냥개비 3개를 더해서

같은 모양을 2개 만들 수 있을까요?

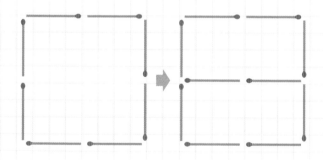

발상력 · 추론-논리력 · 공간지각력   정답!

위 무당벌레 그림과 다른 모양을
아래에서 찾아 ○표 해 보세요.

 집중력·관찰력

정답!

4장의 트럼프가 겹쳐 있어요.
밑에서 본 모습은 무엇일까요?

① ② ③ ④

 발상력 · 추론-논리력

정답!

아래 그림에서 개수가 가장 많은 것은 ①~④ 중 무엇일까요?

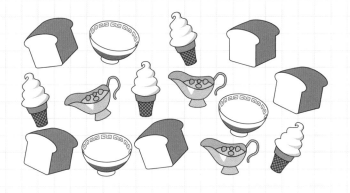

그림을 점선을 따라 4칸, 5칸 2개로 나누고
그것을 조합하여 정사각형을 만들 수 있을까요?
잘라야 하는 부분에 선을 그어보세요.

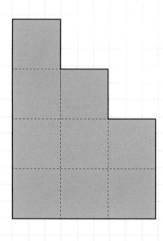

달리기가 가장 빠른 친구는 누구일까요?

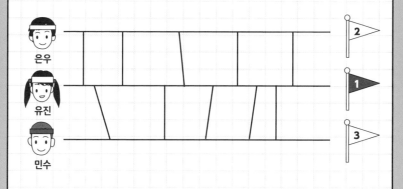

집중력·추론-논리력·공간지각력

정답!

[?]에 들어갈 것은 ①~④ 중 무엇일까요?

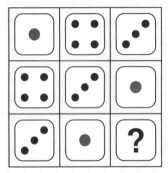

추론-논리력 · 관찰력 · 수리력

정답!

같은 개수인 것끼리 선으로 이어보세요.

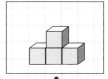

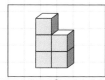

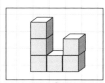

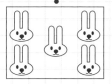

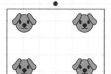

직관력·수리력

정답!

성 밖으로 둘러 판 연못을 '해자'라고 해요.

그림처럼 폭 2미터의 해자가 있을 때

길이 1미터 80센티미터의 판자 2장을

사용해서 해자의 바깥에서 안으로

건너는 방법은 무엇일까요?

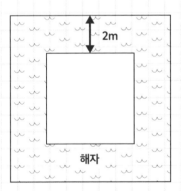

2m

1m 80cm

해자

발상력 · 추론-논리력 · 공간지각력

정답!

오른쪽 그림 가운데 왼쪽에 없는
케이크를 찾아 ○표 해 보세요.

집중력·관찰력

정답!

끈의 양 끝을 잡아당겼을 때
매듭이 생기는 것은 무엇일까요?

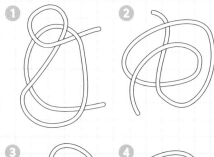

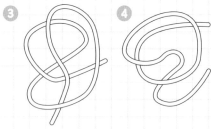

 추론-논리력·관찰력

정답!

위 그림과 같은 조합은 어느 것일까요?

①

②

③

④

 집중력·관찰력

정답!

도형이 바뀌고 있어요.
[?]에 들어갈 것은 무엇일까요?

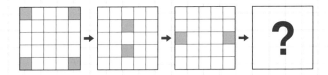

① ② ③ ④

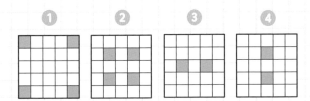

직관력 · 추론-논리력

정답!

두 개의 울타리 안에 있는 돼지의 숫자를 같게 하려면 오른쪽 울타리에 돼지를 몇 마리 더 넣어야 할까요?

① 5마리 ② 4마리

③ 3마리 ④ 6마리

관찰력 · 수리력

정답!

[?]에 들어갈 것은
①~⑤ 중 무엇일까요?

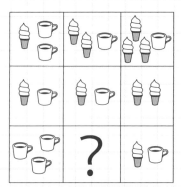

①

②

③

④

⑤

 직관력 · 발상력 · 추론-논리력

정답!

같은 개수인 것끼리 선으로 이어보세요.

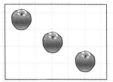

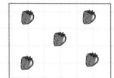

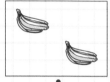

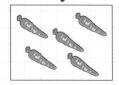

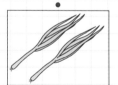

성냥개비로 물고기를 만들었어요.

성냥개비를 3개 움직여서 오른쪽을 향하도록

만들 수 있을까요?

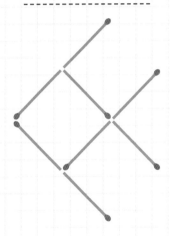

 직관력 · 발상력 · 공간지각력

정답!

보물상자를 갖게 되는 사람은 누구일까요?

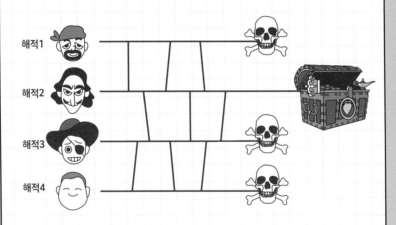

해적1

해적2

해적3

해적4

 집중력·추론-논리력·공간지각력

정답!

아래 그림을 점선을 따라 4칸,

5칸짜리 2개로 나누고 그것을 합쳐

정사각형을 만들어보세요.

잘라야 하는 부분에 선을 그어보세요.

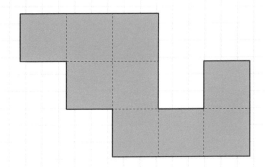

✏ 직관력·공간지각력

정답!

빈칸에 들어맞는 퍼즐은 무엇일까요?

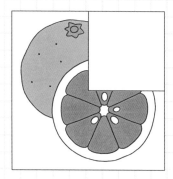

①   ②   ③   ④

※부록을 활용해요!

 집중력·관찰력·공간지각력

정답!

[?]에 들어갈 것은
①~③ 중 무엇일까요?

①

②

③

정답!

1월 30일 ___요일

마릿수가 다른 곤충은 무엇일까요?

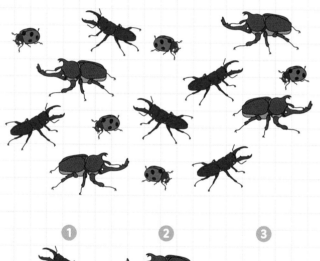

①   ②   ③

 집중력·관찰력·수리력

정답!

4장의 트럼프가 겹쳐 있어요.
밑에서 본 모습은 무엇일까요?

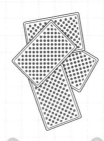

①
②
③
④

발상력 · 추론-논리력

정답!

어떤 동물이 토끼와
줄다리기하고 있을까요?

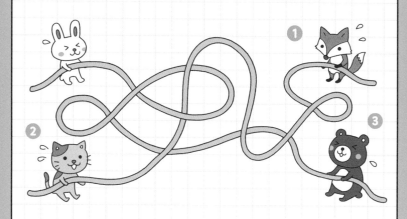

정답!

①~④ 중 어떤 것을 조립하면
위 그림과 같은 모양의 상자가 만들어질까요?

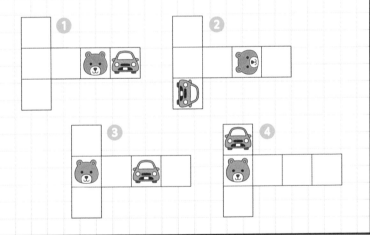

 추론-논리력 · 공간지각력

정답!

위 그림과 다른 그림을
아래에서 찾아 ○표 해 보세요.

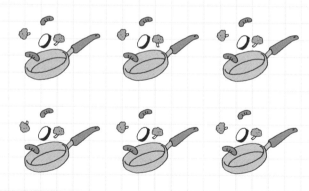

 집중력·관찰력

정답!

끈의 양 끝을 잡아당겼을 때
매듭이 생기는 것은 무엇일까요?

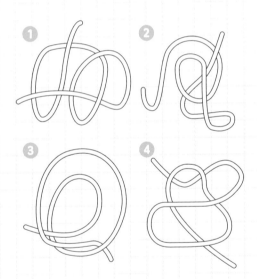

 추론-논리력 · 관찰력

정답!

같은 개수인 것끼리 선으로 이어보세요.

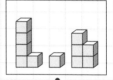

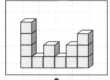

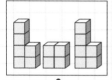

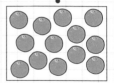

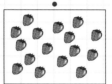

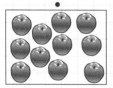

집중력 · 직관력 · 수리력

정답!

정사각형의 목장에 4종류의 동물이 있어요.

다른 종류의 동물이 같이 있지 않도록

점선을 따라 같은 모양의 4개의 목장으로

나누어보세요.

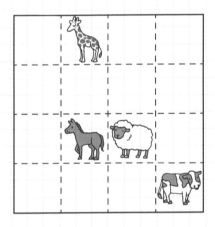

아래 그림이 순서대로 되도록 번호를 나열하세요.

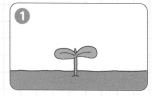

추론-논리력·관찰력

정답!

수조 안의 같은 생물끼리
선으로 이어보세요.
단, 이때 선이 겹치면 안 돼요.

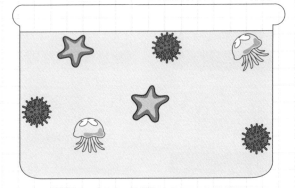

 발상력 · 추론-논리력 · 공간지각력   정답!

아래 그림에서 개수가 가장 많은 표정은
①~⑤ 중 무엇일까요?

집중력·관찰력·수리력

정답!

6개의 100원짜리 동전을 1개씩

세 번만 미끄러뜨려 움직여

오른쪽과 같이 나열해 보세요.

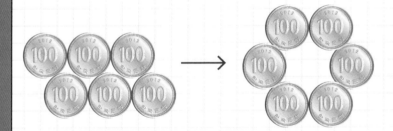

 직관력 · 발상력

정답!

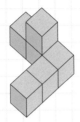

위 블록과 같은 모양의 블록은
어느 것일까요?

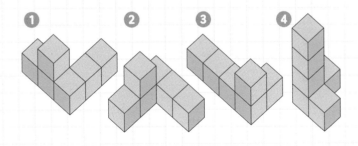

① ② ③ ④

정답!

[?]에 들어갈 것은 ①~④ 중 무엇일까요?

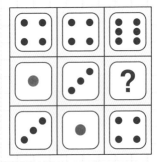

 ❶　 ❷　 ❸　 ❹

직관력 · 추론-논리력 · 수리력

정답!

어떤 동물이 토끼와
줄다리기하고 있을까요?

 집중력·추론-논리력

정답!

네 장의 트럼프가 겹쳐 있어요.
밑에서 본 모습은 무엇일까요?

①

②

③

④

 발상력 · 추론-논리력

정답!

아래 그림에서 개수가 가장 많은 채소는
①~④ 중 무엇일까요?

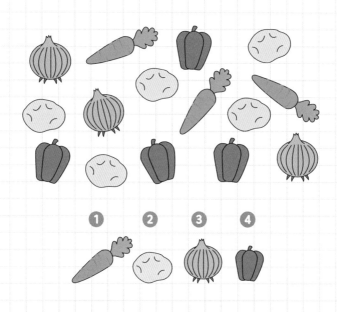

① ② ③ ④

 직관력·수리력

정답!

아래 그림을 점선을 따라 4칸,
5칸짜리 2개로 나누고 그것을 합쳐
정사각형을 만들어보세요.
잘라야 하는 부분에 선을 그어요.

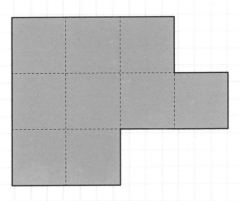

발상력 · 공간지각력

정답!

위 그림과 같은 조합은
어느 것일까요?

1

2

3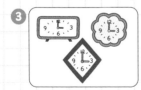

4

 집중력·관찰력·공간지각력

정답!

도형이 바뀌고 있어요.
[?]에 들어갈 것은 무엇일까요?

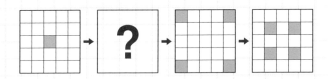

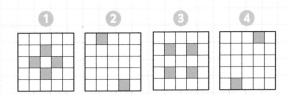

정답!

같은 개수인 것끼리 선으로 이어보세요.

직관력·수리력

정답!

끈의 양 끝을 잡아당겼을 때 매듭이 생기는 것은 무엇일까요?

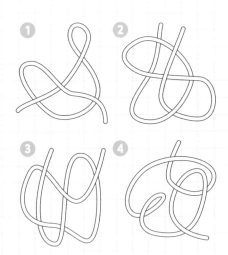

 추론-논리력·관찰력

정답!

아래 그림이 순서대로 되도록
번호를 나열하세요.

✏️ 추론-논리력·관찰력

정답!

11월 15일 ___ 요일

종이를 펼치면 어떤 모양이 될까요?

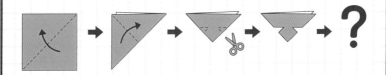

 ❶

 ❷

 ❸

추론-논리력 · 공간지각력

정답!

위 블록과 같은 모양의 블록은
어느 것일까요?

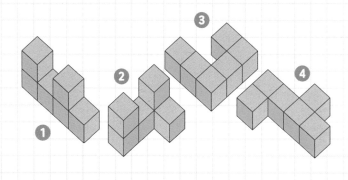

 관찰력·공간지각력

정답!

정사각형의 목장에 4종류의 동물이 있어요.

다른 종류의 동물이 같이 있지 않도록

점선을 따라 같은 모양의 4개의 목장으로

나누어보세요.

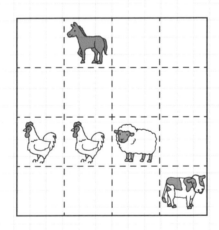

발상력 · 추론-논리력 · 공간지각력

정답!

위 비행기 그림과 다른 그림을
아래에서 찾아 ○표 해 보세요.

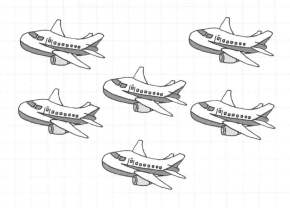

집중력·관찰력

정답!

수조 안의 같은 생물끼리
선으로 이어보세요.
단, 이때 선이 겹치면 안 돼요.

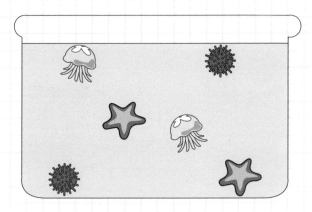

 발상력 · 추론-논리력 · 공간지각력　정답!

가장 큰 고구마를 먹을 수 있는
친구는 누구일까요?

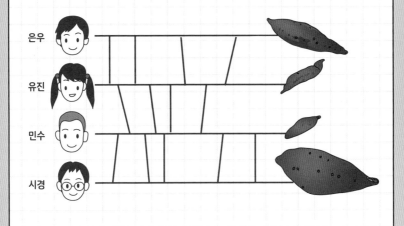

은우
유진
민수
시경

 집중력·추론-논리력

정답!

100원짜리 동전이 4개 있어요.
어느 동전도 다른 3개와
붙어있도록 나열해 보세요.

 발상력 · 추론-논리력

정답!

아래 그림이 순서대로 되도록
번호를 나열하세요.

①

②

③

④

추론-논리력·관찰력

정답!

점선을 따라 3칸, 6칸 두 개로 나누고,
그것을 조합하여 정사각형을 만들어보세요.
잘라야 하는 부분에 선을 그어요.

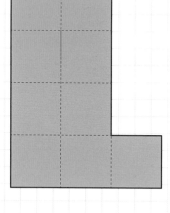

발상력 · 추론-논리력 · 공간지각력

정답!

같은 개수인 것끼리 선으로 이어보세요.

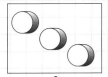

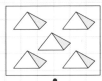

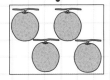

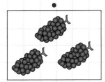

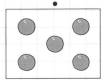

직관력 · 수리력

정답!

[?]에 들어갈 것은
①~④ 중 무엇일까요?

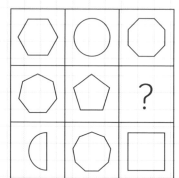

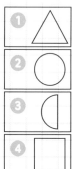

 직관력 · 발상력 · 추론-논리력

정답!

아래 그림에서 개수가 가장 많은 과일은 ①~⑤ 중 무엇일까요?

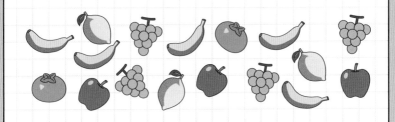

① **②** **③** **④** **⑤**

 관찰력·수리력

정답!

4장의 트럼프가 겹쳐 있어요.
밑에서 본 모습은 무엇일까요?

①  ②  ③  ④

✏️ 추론-논리력 · 관찰력·공간지각력 **정답!**

빈칸에 들어맞는 퍼즐은 무엇일까요?

※부록을 활용해요!

추론-논리력·관찰력

정답!

도형이 바뀌고 있어요.
[?]에 들어갈 것은 무엇일까요?

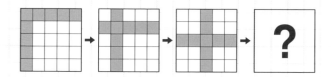

① ② ③ ④

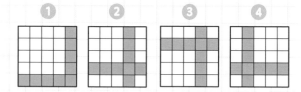

정답!

오른쪽 그림 가운데 왼쪽에 없는
곤충을 찾아 ○표 해 보세요.

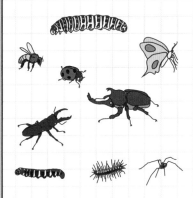
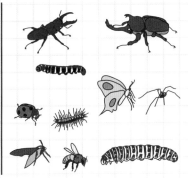

직관력·관찰력

정답!

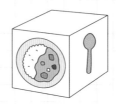

①~④의 어떤 것을 조립하면
위 그림과 같은 모양의 상자가 만들어질까요?

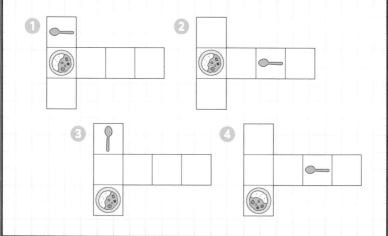

같은 개수인 것끼리 선으로 이어보세요.

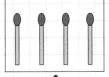
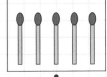
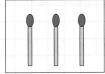

직관력·수리력

정답!

①~⑤는 어느 도형을 2개 합친 것이에요.
다른 하나는 무엇일까요?

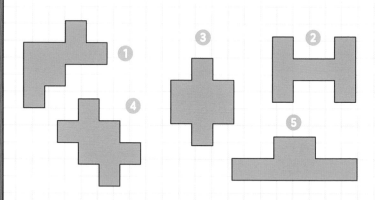

 직관력 · 공간지각력

정답!

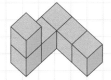

위 블록과 같은 모양의 블록은
어느 것일까요?

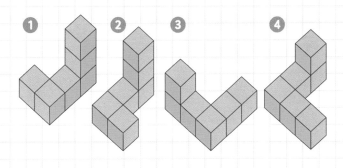

① ② ③ ④

관찰력·공간지각력

정답!

가장 위에 있는 성냥개비와 가장 아래에 있는

성냥개비는 ①~⑦ 중 무엇일까요?

순서대로 정답을 적어보세요.

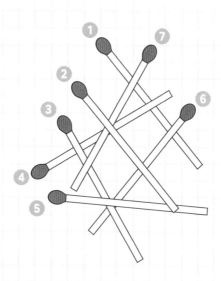

 추론-논리력 · 관찰력 · 공간지각력

정답!

토끼가 먹을 수 있는 과일은 무엇일까요?

① 멜론　② 사과　③ 체리　④ 딸기　⑤ 포도

 집중력 · 추론-논리력

정답!

끈의 양 끝을 잡아당겼을 때
매듭이 생기는 것은 무엇일까요?

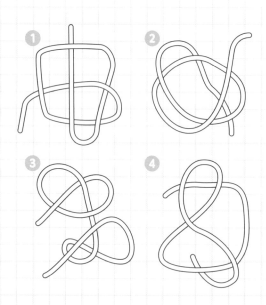

 추론-논리력·관찰력

정답!

달걀이 닭이 될 때까지,
그림을 순서대로 나열하세요.

 추론-논리력 · 관찰력

정답!

성냥개비 16개로 3개의 정사각형을
만들었어요. 여기에서 성냥개비 4개를 움직여
정사각형을 2개로 줄일 수 있을까요?

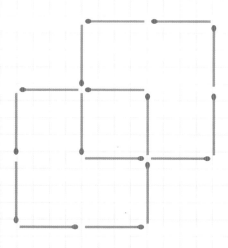

발상력·추론-논리력·공간지각력

정답!

위 그림과 다른 그림을
아래에서 찾아 ○표 해 보세요.

집중력 · 관찰력

정답!

100원짜리 동전을 3개만 움직여
삼각형을 만들려면 어떻게 해야 될까요?

 발상력 · 추론-논리력 · 공간지각력   **정답!**

두 개의 울타리 안에 있는 돼지의 숫자를 갈게 하려면 오른쪽 울타리에 돼지를 몇 마리 더 넣어야 할까요?

① 1마리　② 2마리
③ 3마리　④ 4마리

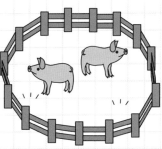

관찰력·수리력

정답!

종이를 펼치면 어떤 모양이 될까요?

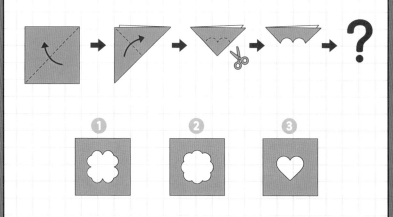

①

②

③

아래 그림이 순서대로 되도록
번호를 나열하세요.

 추론-논리력 · 관찰력

정답!

4장의 트럼프가 겹쳐 있어요.
밑에서 본 모습은 무엇일까요?

 ❶   ❷ ❸ ❹

 발상력 · 추론-논리력

정답!

다른 동물과 연결되지 않은 동물은 무엇일까요?

① 토끼　② 쥐　③ 돼지　④ 개　⑤ 소

 집중력·추론-논리력

정답!

강아지가 다음에 갈 곳은
①~④ 중 어디일까요?

🐕 1			🐕 4
	①	②	
🐕 2	③	④	
		🐕 3	

✏️ **발상력 · 추론-논리력**

정답!

위 그림과 같은 조합은 어느 것일까요?

①

②

③

④

 직관력 · 추론-논리력 · 관찰력

정답!

아래 그림을 점선을 따라 2개로 나누고
그것을 조합하여 정사각형을 만들려면
어느 부분을 자르면 될까요?
잘라야 하는 부분에 선을 그어보세요.

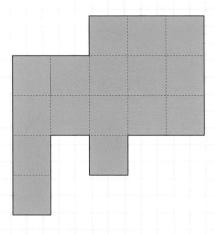

정답!

빈칸에 들어맞는 퍼즐은 무엇일까요?

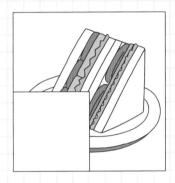

※부록을 활용해요!

 추론-논리력 · 관찰력

 정답!

끈의 양 끝을 잡아당겼을 때
매듭이 생기는 것은 무엇일까요?

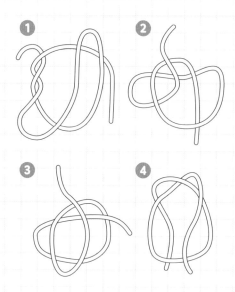

 추론-논리력 · 관찰력

정답!

아래 그림에서 개수가
가장 많은 것은 ①~⑤ 중 무엇일까요?

집중력 · 관찰력 · 수리력

정답!

①~④의 어떤 것을 조립하면
위 그림과 같은 모양의 상자가 만들어질까요?

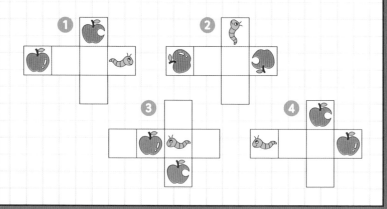

개수가 다른 하나는 무엇일까요?

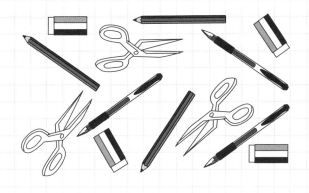

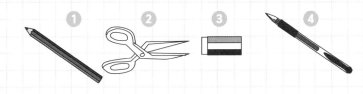

① ② ③ ④

관찰력 · 수리력

정답!

[?]에 들어갈 것은 ①~④ 중 무엇일까요?

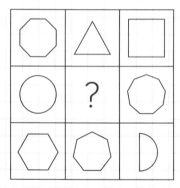

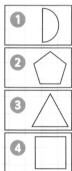

발상력 · 추론-논리력

정답!

햄버그스테이크를 먹을 수 있는 친구는 누구일까요?

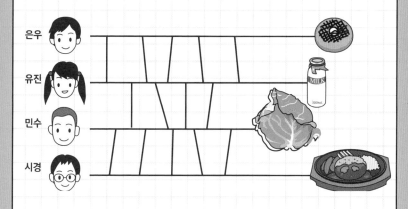

은우
유진
민수
시경

종이를 펼치면 어떤 모양이 될까요?

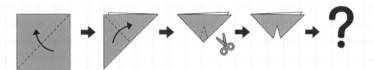

①

②

③

아래 그림이 순서대로 되도록
번호를 나열하세요.

 추론-논리력 · 관찰력

정답!

아래 그림을 점선대로 접어 뒤집었을 때
딱 맞는 것은 무엇일까요?

빈칸에 들어맞는 퍼즐은 무엇일까요?

 ❶

 ❷

 ❸

 ❹

※부록을 활용해요!

 추론-논리력 · 관찰력

정답!

같은 크기의 종이 5장을 겹쳤어요.
어떤 순서로 겹쳐져 있을까요?
가장 위부터 순서대로 적어보세요.

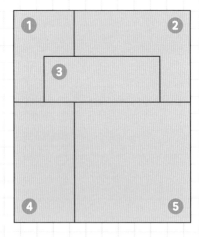

추론-논리력·관찰력

정답!

오른쪽 그림 가운데 왼쪽에 없는 곤충을 찾아 ○표 해 보세요.

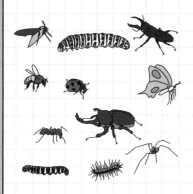 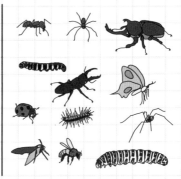

집중력 · 관찰력

정답!

아래 그림을 점선을 따라 2개로 나누고
그것을 조합하여 정사각형을 만들려면
어느 부분을 자르면 될까요?
잘라야 하는 부분에 선을 그어보세요.

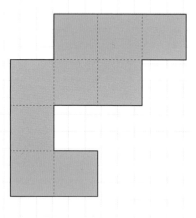

직관력 · 공간지각력

정답!

개수가 다른 모양은 무엇일까요?

① ② ③ ④

정답!

컵에 따뜻한 물을 담고 1시간 지났어요.
어라? 마시지도 않았는데 따뜻한 물이
없어졌어요. 왜일까요?

✏️ 발상력

정답!

3월

7일 ___ 요일

딸기 케이크를 먹을 수 있는 친구는 누구일까요?

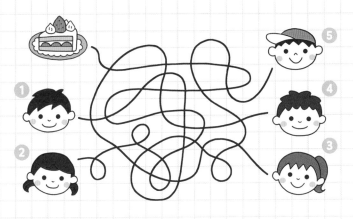

 집중력 · 추론-논리력

정답!

아래와 같이 주사위를 굴렸을 때 마지막에 윗면의 눈은 무엇이 나올까요? 이 주사위는 윗면과 바닥면의 눈을 더하면 7이 되는 주사위예요.

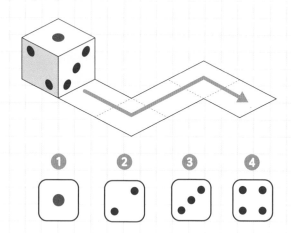

① ② ③ ④

 추론-논리력 · 공간지각력

정답!

두 개의 울타리 안에 있는 돼지의 숫자를 같게 하려면 오른쪽 울타리에 돼지를 몇 마리 더 넣어야 할까요?

❶ 1마리 ❷ 2마리

❸ 3마리 ❹ 4마리

집중력 · 직관력 · 수리력

정답!

돼지 그림을 빨간색 육각형을 따라
굴려 한 바퀴 돌아오면 어떤 모양이 될까요?

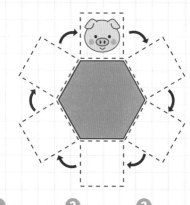

① **②** **③** **④**

※부록을 활용해요!

 추론-논리력 · 공간지각력   정답!

아래 그림이 순서대로 되도록
번호를 나열하세요.

추론-논리력 · 관찰력

정답!

아래 그림을 점선대로 접어 뒤집었을 때
딱 맞는 것은 무엇일까요?

① ② ③ ④

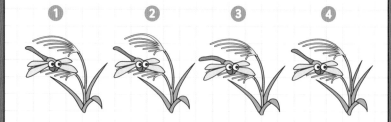

✏ 추론-논리력 · 관찰력

정답!

아래 그림에서 개수가 가장 많은 곤충은 ①~④ 중 무엇일까요?

 직관력 · 관찰력 · 수리력

정답!

서로 엉킨 6개의 링을 하나의 사슬로
만들려면 어떤 링을 빼면 될까요?
정답은 2개 있어요.

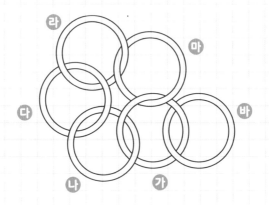

 추론-논리력 · 관찰력 · 공간지각력

정답!

빈칸에 들어맞는 퍼즐은 무엇일까요?

①   ②   ③   ④

※부록을 활용해요!

 추론-논리력 · 관찰력 · 공간지각력

정답!

종이를 펼치면 어떤 모양이 될까요?

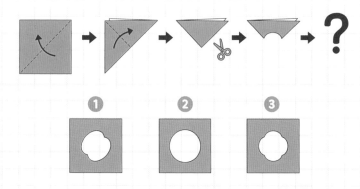

① ② ③

 추론-논리력 · 공간지각력

정답!

오른쪽 그림 가운데 왼쪽에 없는
과일을 찾아 ○표 해 보세요.

✏️ 집중력 · 관찰력

정답!

점선을 따라 2개의 같은
모양으로 나누어 보세요.
뒤집었을 때 같은 모양이어도 괜찮아요.

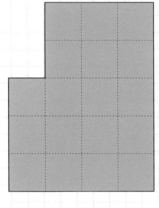

 직관력 · 공간지각력

정답!

위 그림과 같은 조합은 어느 것일까요?

①

②

③

④

 직관력 · 관찰력

정답!

4장의 트럼프가 겹쳐 있어요.
밑에서 본 모습은 무엇일까요?

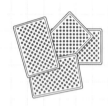

 ① ② ③ ④

 발상력 · 추론-논리력

정답!

어떤 동물이 토끼와
줄다리기하고 있을까요?

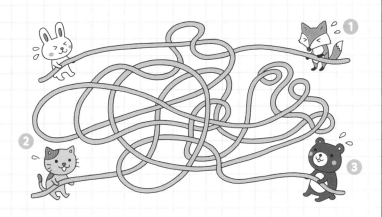

 집중력 · 추론-논리력

정답!

①~④ 중 어떤 것을 조립하면
아래와 같은 모양의 상자가 만들어질까요?

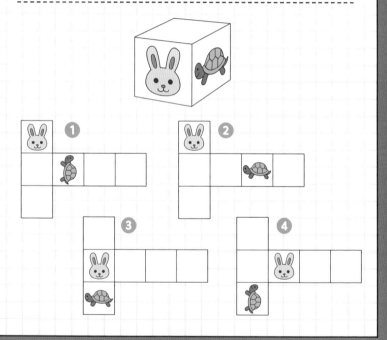

 추론-논리력 · 공간지각력

정답!

개수가 다른 과일은 무엇일까요?

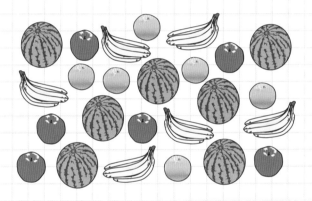

① 　② 　③ 　④

 관찰력 · 수리력

정답!

아래와 같이 주사위를 굴렸을 때
마지막에 주사위는 어떤 모양일까요?
이 주사위는 윗면과 바닥면의 눈을 더하면
7이 되는 주사위예요.

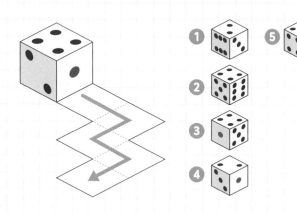

추론-논리력 · 공간지각력

정답!

아래 그림이 순서대로 되도록
번호를 나열하세요.

추론-논리력 · 관찰력

정답!

[?]에 들어갈 것은
①~③ 중 무엇일까요?

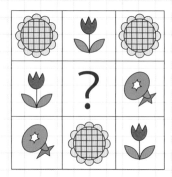

①

②

③

발상력 · 추론-논리력

정답!

3월 17일 ___요일

아래 그림에서 개수가
가장 많은 것은 ①~⑤ 중 무엇일까요?

① ② ③ ④ ⑤

 집중력 · 관찰력 · 수리력

정답!

점선을 따라 2개의 같은 모양으로
나누어 보세요. 뒤집었을 때
같은 모양이 되어도 괜찮아요.

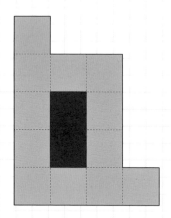

 발상력 · 관찰력 · 공간지각력

정답!

위 그림과 다른 그림을 아래에서
찾아 ○표 해 보세요.

 집중력 · 관찰력

정답!

끈의 양 끝을 잡아당겼을 때
매듭이 생기는 것은 무엇일까요?

추론-논리력 · 관찰력

정답!

오른쪽 그림 가운데 왼쪽에 없는 과일을 찾아 ○표 해 보세요.

 집중력 · 관찰력

정답!

성냥개비로 삼각형을 만들었어요.

같은 크기의 삼각형을 하나 더 만들려면

성냥개비를 최소한 몇 개 움직여야 할까요?

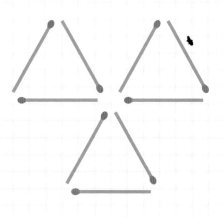

1 1개 **2** 2개 **3** 3개 **4** 4개

 발상력 · 추론-논리력 · 공간지각력 정답!

어떤 동물이 토끼와
줄다리기하고 있을까요?

✏️ 집중력 · 추론-논리력

정답!

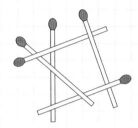

성냥개비가 위 그림과 같이 겹쳐 있어요.
밑에서 보면 어떻게 보일까요?

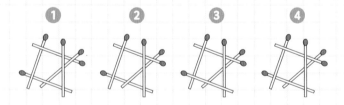

집중력 · 추론-논리력

정답!

두 개의 울타리 안에 있는 돼지의 숫자를
같게 하려면 오른쪽 울타리에 돼지를
몇 마리 더 넣어야 할까요?

① 1마리 ② 2마리
③ 3마리 ④ 4마리

직관력 · 추론-논리력 · 수리력

정답!

위 블록과 같이 만들려면 아래 그림 중 무엇과 무엇을 조립해야 할까요?

①

②

③

④

직관력 · 관찰력 · 공간지각력

정답!

위 그림과 같은 조합은 어느 것일까요?

①

②

③

④

 집중력 · 관찰력

정답!

아래의 그림을 점선대로 접어 뒤집었을 때 딱 맞는 것은 무엇일까요?

❶

❷

❸

❹

 추론-논리력·관찰력

정답!

아래 그림이 순서대로 되도록
번호를 나열하세요.

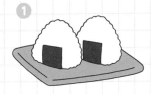

추론-논리력 · 관찰력

정답!

종이를 펼치면 어떤 모양이 될까요?

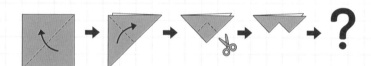

①

②

③

 추론-논리력 · 공간지각력

정답!

아래 그림에서 개수가 가장 많은 악기는
①~④ 중 무엇일까요?

점선을 따라 2개의 같은 모양으로
나누어보세요. 뒤집었을 때 같은 모양이
되어도 괜찮아요.

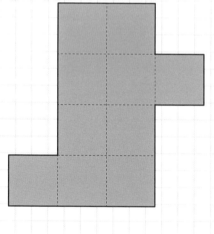

 발상력 · 추론-논리력 · 공간지각력   정답!

아래 그림 중 나머지와
다른 하나를 찾아보세요.

❶ 딸기   ❷ 멜론   ❸ 피망   ❹ 사과   ❺ 귤

✎ 추론-논리력·관찰력

정답!

[?]에 들어갈 것은 ①~④ 중 무엇일까요?

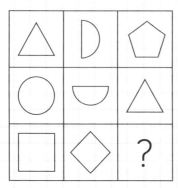

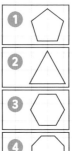

정답!

아래 그림에서 개수가 가장 많은 학용품은 ①~④ 중 무엇일까요?

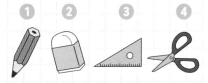

 직관력 · 수리력

정답!

같은 그림은 무엇과 무엇일까요?

1
2
3

4
5

 집중력 · 관찰력

정답!

다른 동물과 연결되지 않은
동물은 무엇일까요?

① 박쥐 **②** 올빼미 **③** 닭 **④** 다람쥐 **⑤** 새

 집중력·추리-논리력

정답!

[?]에 들어갈 것은 ①~⑤ 중 무엇일까요?

 ①
 ②
 ③
 ④
 ⑤

 발상력 · 추론-논리력

정답!

아래 그림이 순서대로 되도록
번호를 나열하세요.

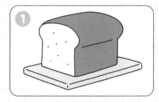

추론-논리력 · 관찰력

정답!

점선을 따라 2개의
같은 모양으로 나누어보세요.
뒤집어서 같은 모양이 되어도 괜찮아요.

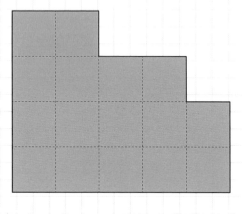

아래 그림 중 나머지와
다른 하나를 찾아보세요.

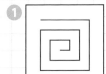

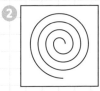

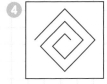

발상력 · 추론-논리력

정답!

아래 그림을 점선대로 접어 뒤집었을 때
딱 맞는 것은 무엇일까요?

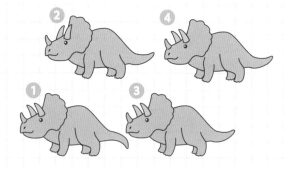

✏️ 추론-논리력·공간지각력

정답!

오이를 빨간 선대로 썰었을 때
단면은 어떤 모양일까요?

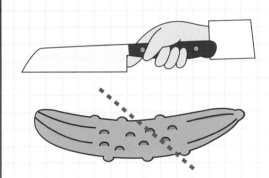

  ❶

  ❷

  ❸

 직관력 · 공간지각력

정답!

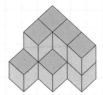

위 블록과 같이 만들려면 아래 그림 중
무엇과 무엇을 조립해야 할까요?

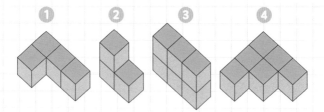

직관력 · 공간지각력

정답!

아래 블록 중 나머지와
다른 하나는 무엇일까요?

❶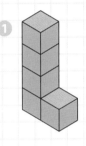

❷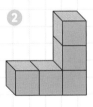

❸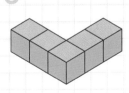

❹

 직관력 · 추론-논리력 · 공간지각력   정답!

위 그림과 같은 그림은 무엇일까요?

①　②　③　④

위 그림을 만들고 남는 조각은
①~④ 중 무엇일까요?

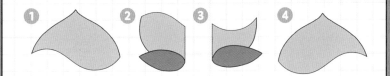

※부록을 활용해요!

 추론-논리력 · 관찰력 · 공간지각력   정답!

위 그림을 만들고 남는
조각은 ①~⑤ 중 무엇일까요?

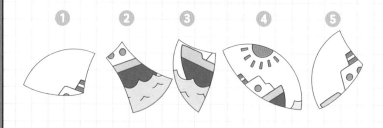

두 개의 울타리 안에 있는 돼지의 숫자를 같게 하려면 오른쪽 울타리에 돼지를 몇 마리 더 넣어야 할까요?

① 1마리　② 2마리

③ 3마리　④ 4마리

직관력 · 수리력

정답!

돼지 그림을 빨간색 오각형을 따라 굴려
한 바퀴 돌아오면 어떤 모양이 될까요?

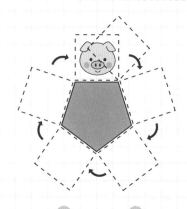

※부록을 활용해요!

 추론-논리력 · 공간지각력

정답!

어떤 동물이 토끼와
줄다리기하고 있을까요?

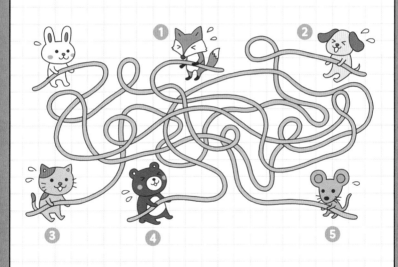

 집중력 · 추론-논리력

정답!

종이를 펼치면 어떤 모양이 될까요?

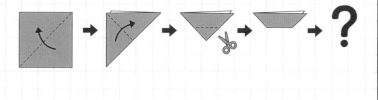

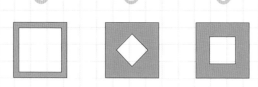

아래 그림이 순서대로 되도록
번호를 나열하세요.

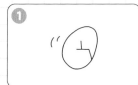

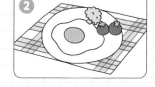

직관력 · 추론-논리력

정답!

입구에서 출구까지 가는 데
최소 몇 번 꺾어야 할까요?
꺾을 때 외에는 똑바로 가주세요.

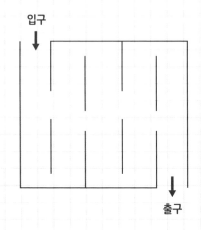

㉮ 1번 ㉯ 2번 ㉰ 3번 ㉱ 4번 ㉲ 5번

 발상력 · 추론-논리력

정답!

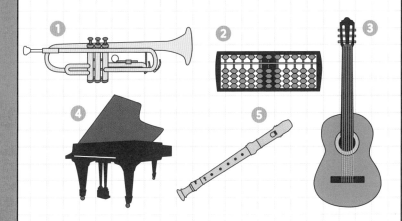

4월 5일 ___요일

아래 그림 중 나머지와 다른 하나는 무엇일까요?

 직관력 · 추론-논리력

정답!

9월 21일 ___요일

같은 그림은 무엇과 무엇일까요?

집중력 · 관찰력

정답!

아래 블록 중 나머지와
다른 하나는 무엇일까요?

①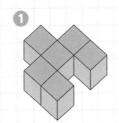

②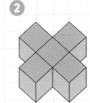

③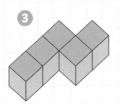

④

 발상력 · 공간지각력

정답!

위 블록과 같이 만들려면 아래 그림 중
무엇과 무엇을 조립해야 할까요?

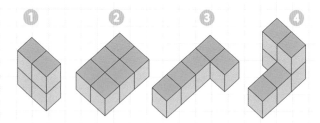

① ② ③ ④

 추론-논리력 · 공간지각력

정답!

아래 그림에서 개수가
가장 많은 것은 ①~⑤ 중 무엇일까요?

①　②　③　④　⑤

 집중력 · 관찰력 · 수리력

정답!

그림(전개도)을 조립하면
어떻게 보일까요?

① 　② 　③ 　④

※부록을 활용해요!

 추론-논리력 · 공간지각력

정답!

어떤 동물이 토끼와 줄다리기하고 있을까요?

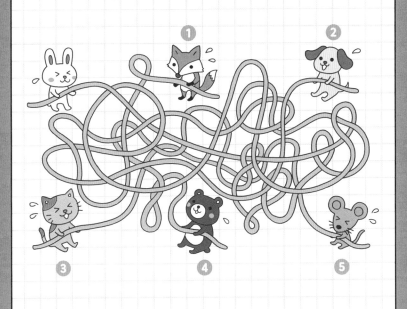

정답!

위 그림을 만들고 남는 조각은 무엇일까요?

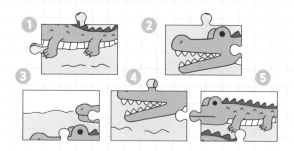

 추론-논리력 · 관찰력 · 공간지각력   정답!

아래 그림 중 나머지와
다른 하나를 찾아보세요.

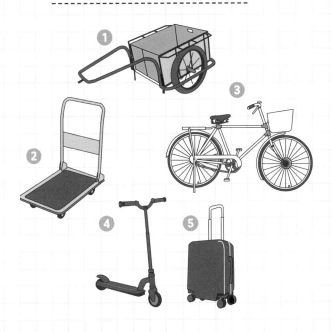

 직관력 · 추론-논리력

정답!

같은 그림은 무엇과 무엇일까요?

① 　② 　③ 　④

⑤ 　⑥ 　⑦ 　⑧

집중력 · 관찰력

정답!

아래 그림이 순서대로
되도록 번호를 나열하세요.

✏ 직관력 · 추론-논리력

정답!

수조 안의 같은 생물끼리
선으로 이어보세요.
단, 이때 선이 겹치면 안 돼요.

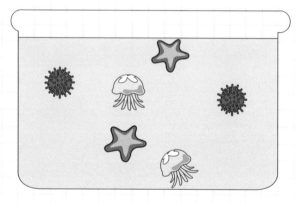

아래 두 그림에는
다른 곳이 5군데 있어요. 다른 곳을 찾아
오른쪽 그림에 ○표 해 보세요.

집중력 · 관찰력

정답!

아래 그림의 100원짜리 동전과
같은 크기인 것은 무엇일까요?

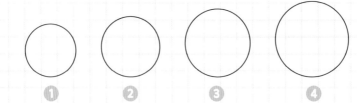

① ② ③ ④

직관력 · 공간지각력

정답!

개수가 다른 채소는 무엇일까요?

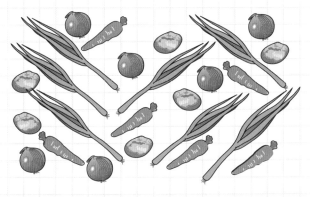

①   **②**   **③**   **④**

 집중력 · 관찰력 · 수리력

정답!

위 그림과 같은 그림은 무엇일까요?

① ② ③ ④

 집중력 · 관찰력

정답!

①~④의 사람들이 일하는 곳은 어디일까요?
각각 ㉮~㉣에 선으로 이어보세요.

① ② ③ ④

 ㉮ ㉯ ㉰ ㉱

 직관력 · 추론-논리력

정답!

위 그림을 점선대로 접어 뒤집었을 때
딱 맞는 것은 무엇일까요?

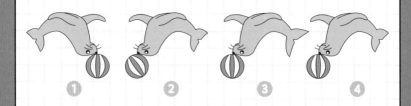

① ② ③ ④

 추론-논리력 · 관찰력 · 공간지각력 정답!

점을 번호 순서대로 연결하면
어떤 그림이 만들어질까요?

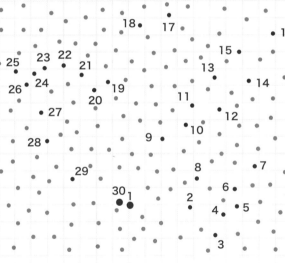

① 개   **②** 비둘기   **③** 물고기   **④** 개구리

 집중력·수리력

정답!

아래와 같이 주사위를 굴렸을 때
마지막에 윗면의 눈은 무엇이 올까요?
이 주사위는 윗면과 바닥면의 눈을 더하면
7이 되는 주사위예요.

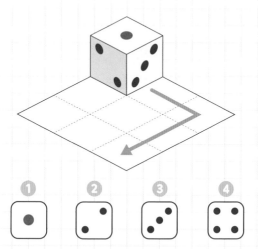

① ② ③ ④

발상력 · 추론-논리력

정답!

쌓여 있는 블록과 개수가 같은 것은?

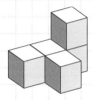

①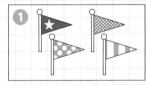

②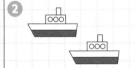

③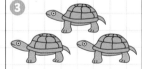

④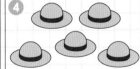

관찰력 · 공간지각력 · 수리력

정답!

가장 큰 ○(빨간색 동그라미)는
무엇일까요?

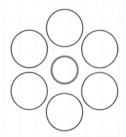

①

②

③

 추론-논리력 · 공간지각력

정답!

수박을 빨간 선대로 썰었을 때
단면은 어떤 모양일까요?

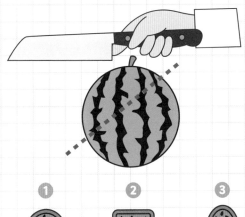

 직관력 · 공간지각력

정답!

위 블록과 같이 만들려면 아래 그림 중
무엇과 무엇을 조립해야 할까요?

① 　**②** 　**③** 　**④**

추론-논리력 · 공간지각력

정답!

3가지 그림이 끝말잇기로
이어지도록 나열해 보세요.

①

②

③

직관력 · 추론-논리력

정답!

같은 그림은 무엇과 무엇일까요?

집중력 · 관찰력

정답!

아래 두 상자에서 개수가
다른 모양은 무엇일까요?

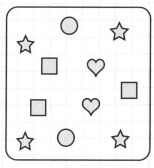 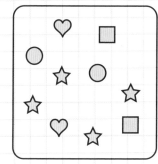

① ☆ ② ○ ③ ▢ ④ ♡

 관찰력 · 수리력

정답!

위 그림을 만들고
남는 조각은 무엇일까요?

 ① ② ③ ④ ⑤

추론-논리력 · 관찰력 · 공간지각력   정답!

가운데 빈칸에 들어갈 것은
①~③ 중 무엇일까요?

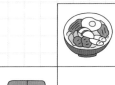

❶

❷

❸

추론-논리력 · 관찰력

정답!

같은 그림은
무엇과 무엇일까요?

①

②

③

④

집중력 · 관찰력

정답!

미로에서 탈출해요!

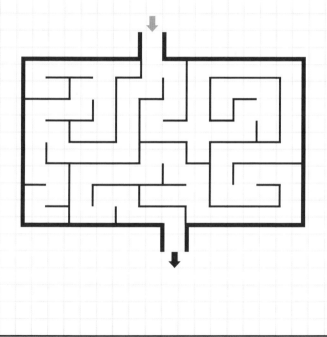

 집중력 · 추론-논리력

정답!

서로 엉킨 6개의 링을 하나의 사슬로
만들려면 어떤 링을 빼면 될까요?

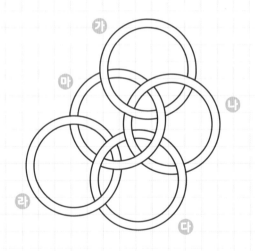

 발상력 · 추론-논리력 · 관찰력

정답!

아래 그림처럼 쌓여 있는 블록을
위에서 보면 어떻게 보일까요?

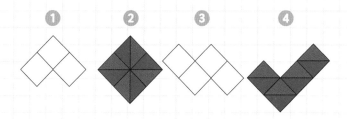

1   2   3   4

정답!

아래 그림을 점선대로 접어
뒤집었을 때 딱 맞는 것은 무엇일까요?

✏️ 추론-논리력 · 관찰력 · 공간지각력   정답!

아래 두 그림에는
다른 곳이 3군데 있어요. 다른 곳을 찾아
오른쪽 그림에 ○표 해 보세요.

 집중력 · 관찰력

정답!

위 블록과 같이 만들려면 아래 그림 중
무엇과 무엇을 조립해야 할까요?

① ② ③ ④

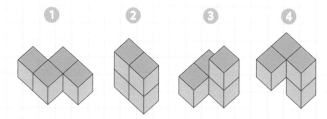

 추론-논리력·관찰력·공간지각력　정답!

3장의 그림이 끝말잇기로
이어지도록 나열해 보세요.

직관력 · 추론-논리력

정답!

그림(전개도)을 조립하면
어떻게 보일까요?

①
②
③
④

※부록을 활용해요!

 발상력 · 관찰력 · 공간지각력

정답!

아래의 그림 중 나머지와
다른 하나는 무엇일까요?

①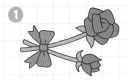

②

③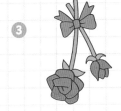

④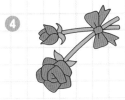

추론-논리력 · 관찰력

정답!

2일 ★ ____요일 ★

위 그림을 만들고 남는 조각은
무엇일까요?

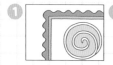

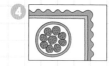

 집중력 · 추론-논리력 · 공간지각력   정답!

구급상자를 엎어버렸어요. 오른쪽 그림에서 개수가 모자란 것은 무엇일까요?

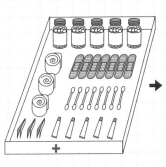 →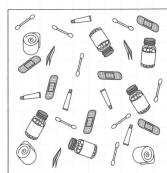

❶ 　❷ 　❸ 　❹ 　❺ 　❻

✏ 집중력 · 수리력

정답!

같은 그림은 무엇과 무엇일까요?

①

②

③

④

⑤

⑥

집중력 · 관찰력

정답!

①~③의 그림과 관계 있는 그림을 각각 ㉮~㉲에 선으로 이어보세요.

①

②

③

· · ·

· · ·

㉮

㉯

㉲

직관력 · 추론-논리력

정답!

가장 짧은 ─(빨간색 선)은 무엇일까요?

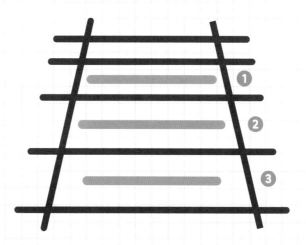

✏️ 추론-논리력 · 공간지각력

정답!

4월 27일 ___요일

①~⑤ 중 어떤 입구로 들어가야 ㉮에 도착할 수 있을까요? 도구는 사용하지 말고 생각해 보세요.

 집중력 · 추론-논리력

정답!

고양이 그림을 가운데 사각형을 따라 굴리면 [?]에서는 어떤 모양이 될까요?

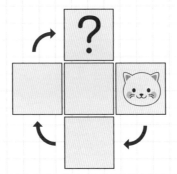

① 　② 　③ 　④

※부록을 활용해요!

발상력 · 추론-논리력 · 공간지각력　　정답!

아래 그림처럼 쌓여 있는 블록 개수와
같은 개수인 것은 무엇일까요?

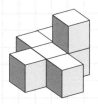

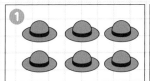

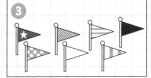

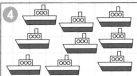

공간지각력 · 수리력

정답!

위 그림과 같은 그림은 무엇일까요?

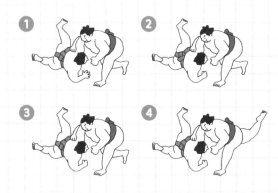

 집중력 · 관찰력

정답!

어묵을 빨간 선대로 썰었을 때
단면은 어떤 모양일까요?

① ② ③

정답!

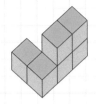

위 블록과 같이 만들려면 아래 그림 중
무엇과 무엇을 조립해야 할까요?

1

2
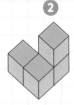

3

4

 추론-논리력 · 공간지각력

정답!

화살표 모양을 사각형 안에서
찾아 색칠해 보세요.

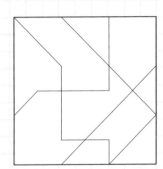

같은 그림은 무엇과 무엇일까요?

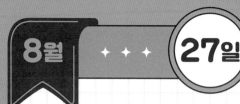

①

②

③

④

⑤

 집중력 · 관찰력

정답!

끝말잇기로 이어져 있어요.
?에 들어갈 것은 ①~③ 중 무엇일까요?

 직관력 · 추론-논리력

정답!

위 그림을 만들고 남는 조각은 무엇일까요?

 관찰력 · 공간지각력

정답!

아래 두 상자에서
개수가 다른 모양은 무엇일까요?

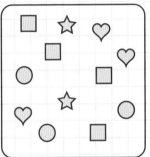 

①   ②   ③   ④

 집중력 · 관찰력 · 수리력

정답!

그림(전개도)을 조립하면
어떻게 보일까요?

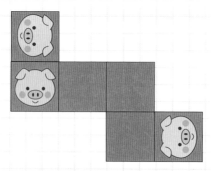

① 　**②** 　**③** 　**④**

※부록을 활용해요!

발상력 · 관찰력 · 공간지각력　　정답!

나머지와 다른 하나는 무엇일까요?

위 블록과 같이 만들려면 아래 그림 중
무엇과 무엇을 조립해야 할까요?

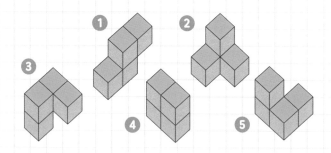

❶ ❷ ❸ ❹ ❺

 추론-논리력 · 관찰력 · 공간지각력

정답!

아래 두 그림에는
다른 곳이 4군데 있어요.
다른 곳을 찾아 오른쪽 그림에
○표 해 보세요.

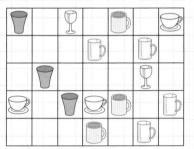
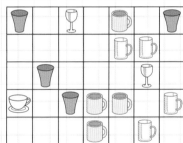

직관력·관찰력

정답!

위 그림과 같은 그림은 무엇일까요?

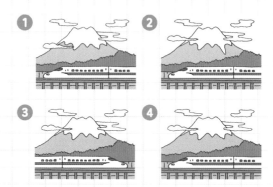

① ② ③ ④

집중력 · 관찰력

정답!

블록이 쌓여 있어요.
화살표 방향에서 보면 어떻게 보일까요?

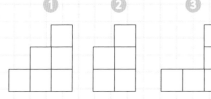

① ② ③ ④

점선을 따라 2개의 같은 모양으로
나누어보세요. 뒤집어도 돼요.

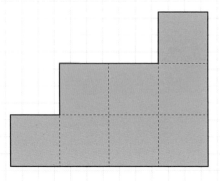

옷을 두 상자에 나눠 담았어요.

? 상자에 들어갈 것은

①~④ 중 무엇일까요?

 집중력·관찰력

정답!

가장 큰 ○(빨간색 동그라미)는
무엇일까요?

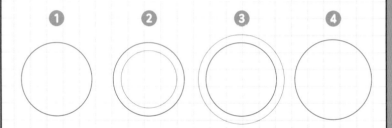

① ② ③ ④

 직관력 · 관찰력 · 공간지각력 **정답!**

아래의 그림 중 나머지와
다른 하나는 무엇일까요?

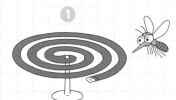

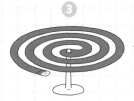

 발상력 · 관찰력 · 공간지각력

정답!

같은 그림은 무엇과 무엇일까요?

집중력 · 관찰력

정답!

위 그림을 만들고 남는 조각은
①~④ 중 무엇일까요?

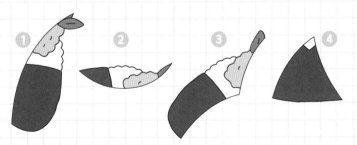

※부록을 활용해요!

 집중력 · 공간지각력

정답!

위 그림을 만들고 남는 조각은
①~⑤ 중 무엇일까요?

❶ ❷ ❸ ❹

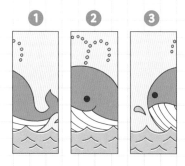

 관찰력 · 공간지각력

정답!

끝말잇기로 이어져 있어요.
?에 들어갈 것은 ①~③ 중 무엇일까요?

①

②

③

 직관력 · 추론-논리력

정답!

고양이 그림을 가운데의
사각형을 따라 굴리면
[?]에서는 어떤 모양이 될까요?

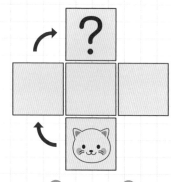

① 　② 　③ 　④

※부록을 활용해요!

 추론-논리력 · 공간지각력

정답!

블록이 쌓여 있어요.
화살표 방향에서 보면 어떻게 보일까요?

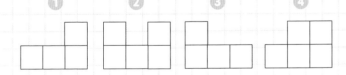

관찰력 · 공간지각력

정답!

보는 방향에 따라 위 그림과 같은 모양이 되는 것은 무엇일까요?

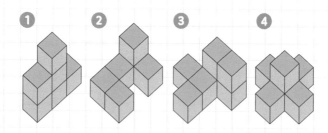

① ② ③ ④

아래 두 상자에서 개수가
다른 모양은 무엇일까요?

①	②	③	④	⑤

 집중력 · 관찰력 · 수리력

정답!

같은 조합은 무엇과 무엇일까요?

①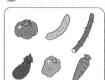

②

③

④

⑤

⑥

✏️ 집중력 · 관찰력

정답!

아래 두 그림에는
다른 곳이 4군데 있습니다.
다른 곳을 찾아 오른쪽 그림에
○표 해 보세요.

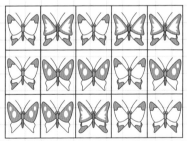 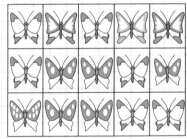

집중력 · 관찰력

정답!

화살표 방향으로 들어가서

모든 길을 한 번씩만

통과해서 다시 화살표로 돌아오세요.

통과한 길이 겹치지 않아야 해요.

입구

 발상력 · 추론-논리력 · 공간지각력 정답!

위 그림을 만들고 남는 조각은
①~④ 중 무엇일까요?

①   ②   ③   ④

※부록을 활용해요!

 관찰력 · 공간지각력

 정답!

그림(전개도)을 조립하면 어떻게 보일까요?

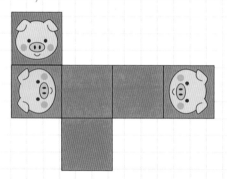

① ② ③ ④

※부록을 활용해요!

 추론-논리력 · 관찰력 · 공간지각력

정답!

ㄴ자 조각과 같은 모양을
사각형 안에서 찾아 색칠해 보세요.

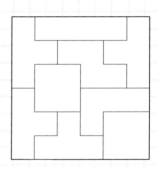

정답!

같은 조합은 무엇과 무엇일까요?

①

②

③

④

⑤

⑥

✎ 직관력 · 관찰력

정답!

블록이 쌓여 있어요.
①~④ 각각 몇 개씩 쌓여 있을까요?

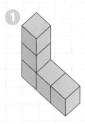

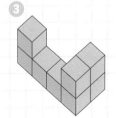

 추론-논리력 · 공간지각력 · 수리력

정답! ① ② ③ ④
_____ _____ _____ _____

아래 그림 중 나머지와
다른 하나는 무엇일까요?

①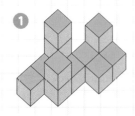

②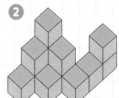

③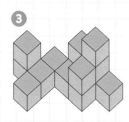

④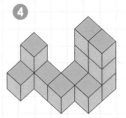

 발상력 · 공간지각력 · 수리력

정답!

바구니가 쏟아졌어요.
개수가 모자란 것은 무엇일까요?

 →

①	②	③	④	⑤

 집중력 · 관찰력 · 수리력

정답!

같은 그림은 무엇과 무엇일까요?

 집중력 · 관찰력

정답!

아래의 그림 중 나머지와
다른 하나는 무엇일까요?

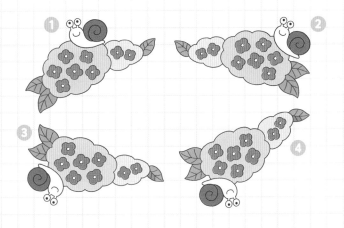

 발상력 · 관찰력 · 공간지각력

정답!

고양이 그림을 가운데
사각형을 따라 굴리면
[?]에서는 어떤 방향이 될까요?

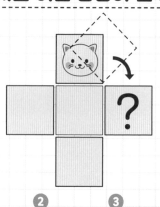

1 　　**2** 　　**3** 　　**4**

※부록을 활용해요!

 발상력·추론-논리력·공간지각력　　**정답!**

끝말잇기로 이어져 있어요.
? 두 곳에 들어갈 것은
①~④ 중 무엇일까요?

 직관력 · 추론-논리력

정답!

나머지와 다른 하나는 무엇일까요?

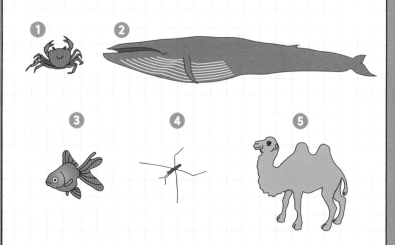

 직관력 · 추론-논리력

정답!

빵을 두 상자에 나눴어요.
?에 들어갈 것은
①~④ 중 무엇일까요?

↓

① 　② 　③ 　④

 집중력 · 수리력

정답!

전부 더했을 때 금액이
가장 큰 것은 무엇일까요?

 직관력 · 추론-논리력 · 수리력

정답!

5월 20일 ___요일

블록이 쌓여 있어요.
①~④ 각각 몇 개씩 쌓여 있을까요?

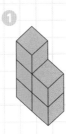
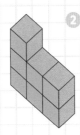

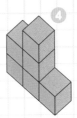

 공간지각력 · 수리력

정답! ① ② ③ ④
___ ___ ___ ___

위 그림을 만들고 남는 조각은
①~⑤ 중 무엇일까요?

1 **2** **3**

4 **5**

 추론-논리력 · 관찰력 · 공간지각력 정답!

아래의 그림에는
삼각형이 몇 개 있을까요?

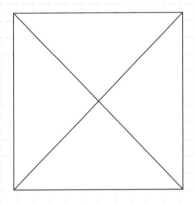

㉮ 4개 ㉯ 5개 ㉰ 6개 ㉱ 7개 ㉲ 8개 ㉳ 10개

추론-논리력 · 공간지각력

정답!

같은 조합은 무엇과 무엇일까요?

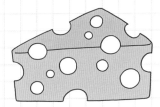

위 그림을 만들고 남는 조각은
①~④ 중 무엇일까요?

①  **②**   **③**   **④**

※부록을 활용해요!

 추론-논리력·관찰력

정답!

아래의 그림 중 나머지와 다른 하나는 무엇일까요?

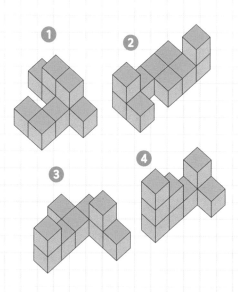

 발상력 · 관찰력 · 추론-논리력

정답!

아래 두 상자에서 개수가
다른 모양은 무엇일까요?

 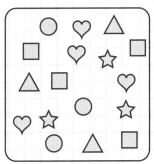

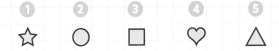

① ☆   ② ○   ③ □   ④ ♡   ⑤ △

집중력 · 관찰력 · 수리력

정답!

가로로 가장 긴 막대기는 무엇일까요?

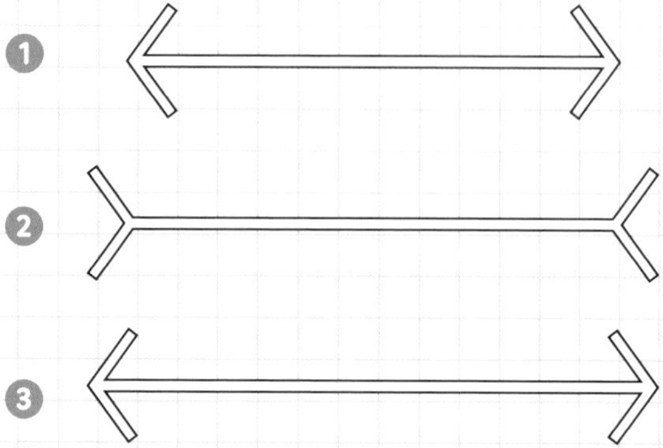

① ⟨———————⟩

② ├———————┤

③ ⟨———————⟩

정답!

아래의 그림 중 나머지와
다른 하나는 무엇일까요?

 ①  ② 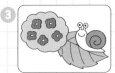 ③

 ④  ⑤  ⑥

발상력 · 관찰력

정답!

그림(전개도)을 조립하면
어떻게 보일까요?

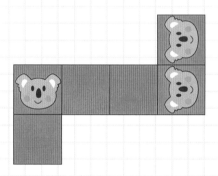

 ❶   ❷   ❸   ❹

※부록을 활용해요!

 추론-논리력 · 관찰력 · 공간지각력   **정답!**

①~③의 그림과 관계 있는 그림을 각각 ㉮~㉰에 선으로 이어보세요.

① ② ③

㉮ ㉯ ㉰

직관력 · 추론-논리력

정답!

점선을 따라 2개의 같은 모양으로 나누어보세요. 뒤집어도 돼요.

정답!

아래 두 그림에는
다른 곳이 2군데 있어요. 다른 곳을 찾아
오른쪽 그림에 ○표 해 보세요.

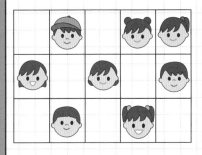 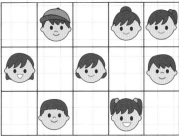

직관력 · 관찰력

정답!

위 그림을 만들고 남는
조각은 ①~⑤ 중 무엇일까요?

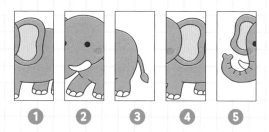

① ② ③ ④ ⑤

✏️ 관찰력 · 공간지각력

정답!

블록이 쌓여 있어요.
①~④ 각각 몇 개씩 쌓여 있을까요?

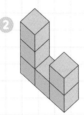

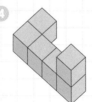

 공간지각력 · 수리력

정답! ① ② ③ ④
___ ___ ___ ___

7월 31일 ★ ___요일 ★

왼쪽과 오른쪽에 쌓여 있는 블록의 수를 더하면 몇이 될까요? 그 수만큼 ○를 색칠해요.

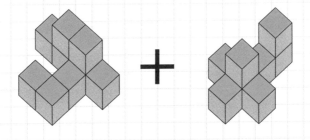

○ ○ ○ ○ ○
○ ○ ○ ○ ○
○ ○ ○ ○ ○
○ ○ ○ ○ ○
○ ○ ○ ○ ○

 관찰력 · 공간지각력 · 수리력

정답!

모자가 딱 맞게 들어가는
상자는 무엇일까요?

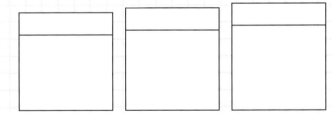

①   ②   ③

※부록을 활용해요!

 관찰력 · 공간지각력

정답!

가운데 빈칸에 들어갈 것은
①~③ 중 무엇일까요?

 직관력 · 발상력 · 추론-논리력

정답!

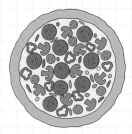

위 그림을 만들고 남는 조각은
①~④ 중 무엇일까요?

①

②

③

④

※부록을 활용해요!

 추론-논리력 · 공간지각력

 정답!

같은 조합은 무엇과 무엇일까요?

①

②

③

④

 집중력 · 관찰력

정답!

동물을 둘로 나누었어요.
? 상자에 들어가는 것은
①~④ 중 무엇일까요?

❶ 　❷ 　❸ 　❹

추론-논리력 · 수리력

정답!

아래의 그림 중 나머지와
다른 하나는 무엇일까요?

① 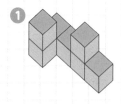 ②

③ 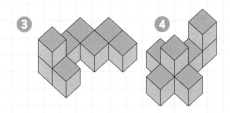 ④

아래 두 묶음에서 개수가 다른 모양은 무엇일까요?

 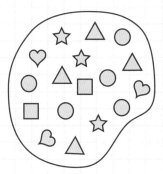

① ☆   ② ○   ③ ▢   ④ ♡   ⑤ △

집중력 · 관찰력 · 수리력

정답!

같은 그림은 무엇과 무엇일까요?

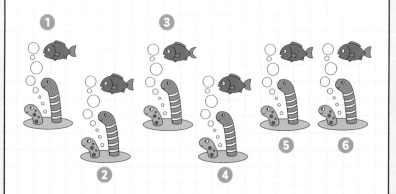

 정답!

블록이 쌓여 있어요.
①~④ 각각 몇 개씩 쌓여 있을까요?

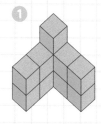

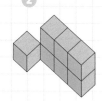

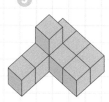

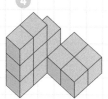

 추론-논리력 · 공간지각력 · 수리력

정답! ❶ ❷ ❸ ❹
___ ___ ___ ___

같은 조합은 무엇과 무엇일까요?

①

②

③

④

⑤

⑥

✏️ 관찰력

정답!

아래의 그림 중 나머지와
다른 하나를 찾아 ○표 해 보세요.

집중력 · 관찰력

정답!

전부 더했을 때 금액이
가장 큰 것은 무엇일까요?

 추론-논리력 · 관찰력 · 수리력

정답!

위 그림을 만들고 남는 조각은
①~④ 중 무엇일까요?

① 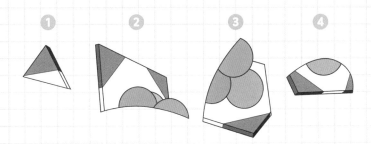 ② ③ ④

※부록을 활용해요!

 관찰력 · 공간지각력

정답!

나머지와 다른 하나는 무엇일까요?

미로에서 탈출해요!

입구

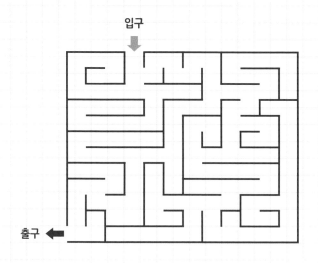

출구

 집중력 · 추론-논리력

정답!

달빛도 없고, 전기나 조명도 없는

넓은 운동장에서 야구를 하는 친구가 있어요.

왜 볼이 보이는 걸까요?

 발상력 · 추론-논리력

정답!

끝말잇기로 이어져 있어요.
두 개의 ? 자리에 들어갈 것은
①~④ 중 무엇일까요?

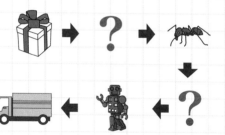

①
②
③
④

 직관력 · 추론-논리력

정답!

그림(전개도)을 조립하면
어떻게 보일까요?

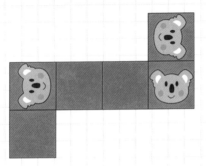

① ② ③ ④

※부록을 활용해요!

 발상력 · 관찰력 · 공간지각력

 정답!

별표 안에 삼각형은 몇 개 있을까요?

㉮ 7개
㉯ 8개
㉰ 10개
㉱ 12개

 발상력 · 추론-논리력 · 공간지각력

정답!

위 그림과 같은 그림은 무엇일까요?

1
2

3
4

✏️ 집중력 · 관찰력

정답!

아래 두 그림에는
다른 곳이 3군데 있어요. 다른 곳을 찾아
오른쪽 그림에 ○표 해 보세요.

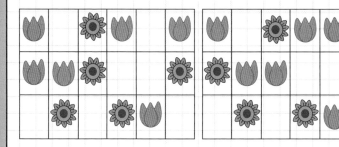

✎ 직관력 · 관찰력

정답!

7월 20일 ___요일

가운데에 들어갈 것은 ①~③ 중 무엇일까요?

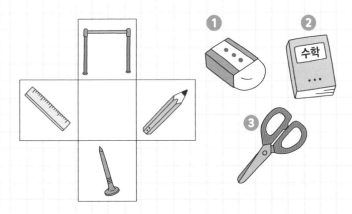

① ② ③

 직관력 · 추론-논리력

정답!

서랍을 엎어버렸어요.
개수가 모자란 것은 무엇일까요?

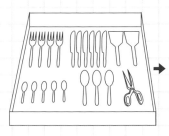 →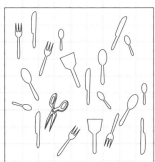

① 　② 　③ 　④ 　⑤ 　⑥

 집중력 · 관찰력 · 수리력　　정답!

전부 더했을 때 금액이
가장 큰 것은 무엇일까요?

①

②

③

④

 집중력 · 추론-논리력 · 수리력

정답!

①~③의 그림과 관계 있는 그림을 각각 ㉮~㉰에 선으로 이어보세요.

①

②

③

㉮

㉯

㉰

 직관력 · 추론-논리력

정답!

쌓여 있는 블록 개수를 더하면 몇이 될까요?
그 수만큼 ○를 색칠해요.

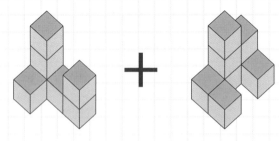

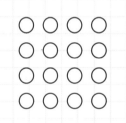

 집중력 · 공간지각력 · 수리력

정답!

아래 블록 중 나머지와
다른 하나는 무엇일까요?

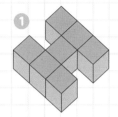

①

②

③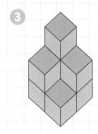

④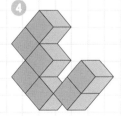

 발상력 · 공간지각력

정답!

같은 그림의 조합은
무엇과 무엇일까요?

①

②

③

④

⑤

⑥

✏️ 집중력 · 관찰력

정답!

분홍색 조각과 같은 모양을
사각형 안에서 찾아 색칠해 보세요.

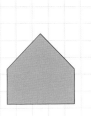

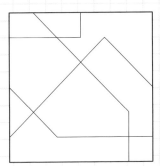

전부 더했을 때 금액이
가장 큰 것은 무엇일까요?

추론-논리력 · 수리력

정답!

아래 두 묶음에서
개수가 다른 모양은 무엇일까요?

 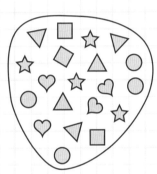

 집중력 · 관찰력 · 수리력

정답!

위 햄버거 세트 그림과
같은 그림은 무엇일까요?

1

2

3

4

 집중력 · 관찰력

정답!

가운데 빈칸에 들어갈 것은
①~③ 중 무엇일까요?

직관력 · 추론-논리력

정답!

쌓여 있는 블록과 개수가 같은 것을
아래의 그림에서 찾아 선으로 이어보세요.

·

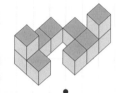
·

·

·

·

·

✏️ 직관력 · 수리력

정답!

블록이 쌓여 있어요.
화살표 방향에서 보면 어떻게 보일까요?

①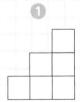

②

③

④

정답!

같은 조합의 그림은 무엇과 무엇일까요?

1

2

3

4

집중력 · 관찰력

정답!

위 그림과 다른 그림은 무엇인가요?

① ② ③

 관찰력 · 공간지각력

정답!

7월 · 12일 · ___ 요일

나머지와 다른 하나는 무엇일까요?

① ② ③ ④ ⑤

 직관력 · 관찰력

정답!

①~③ 중 어떤 입구로 들어가야

㉮에 도착할 수 있을까요?

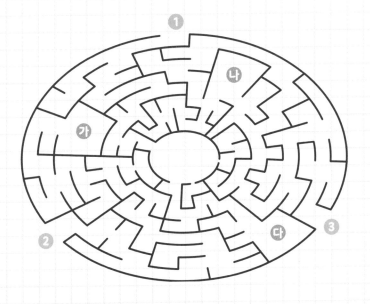

 집중력 · 발상력

정답!

교실에 학생이 1부터 13 숫자 카드를

가지고 순서대로 서 있어요. 지금,

1부터 4 숫자 카드를 가진 4명이 교실을 나왔어요.

그럼 나머지 9명 중 가운데에 서 있는 학생이

들고 있는 카드의 숫자는 무엇일까요?

 추론-논리력 · 수리력

정답!

그림 안에 화살표는 몇 개 있을까요?

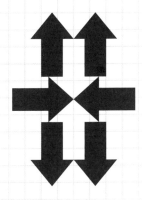

가 6개　**나** 7개　**다** 8개　**라** 9개　**마** 10개

 발상력 · 관찰력 · 공간지각력

정답!

같은 그림은 무엇과 무엇일까요?

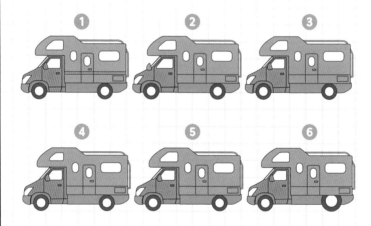

① ② ③

④ ⑤ ⑥

 집중력 · 관찰력

 정답!

블록을 엎어버렸어요.
모자란 것은 무엇일까요?

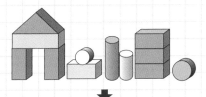

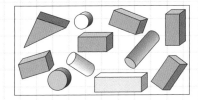

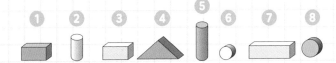

정답!

쌓여 있는 블록과 개수가 같은 것을
아래의 그림에서 찾아 선으로 이어보세요.

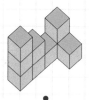

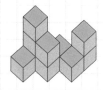

직관력 · 공간지각력 · 수리력

정답!

아래 그림은 두 개씩 짝지을 수 있어요.
남는 하나는 무엇일까요?

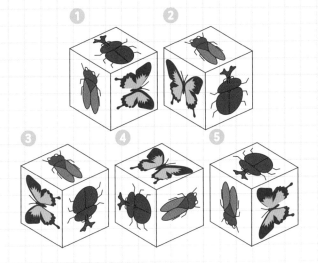

 추론-논리력 · 관찰력 · 공간지각력　　정답!

①~③의 그림과 관계 있는 그림을 각각 ㉮~㉰에 선으로 이어보세요.

①

②

③

㉮

㉯

㉰

 직관력 · 추론-논리력

정답!

가운데 빈칸에 들어갈 것은
①~③ 중 무엇일까요?

전부 더했을 때 금액이
가장 큰 것은 무엇일까요?

 집중력 · 추론-논리력 · 수리력

정답!

분홍색 조각과 같은 모양을
사각형 안에서 찾아 색칠해 보세요.

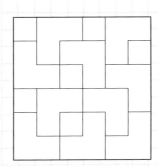

7월 6일 ___ 요일

같은 조합은 무엇과 무엇일까요?

① ② ③ ④ ⑤

 집중력 · 관찰력

정답!

블록이 쌓여 있어요.
화살표 방향에서 보면 어떻게 보일까요?

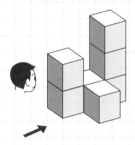

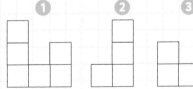

❶   ❷   ❸   ❹

 발상력 · 추론-논리력 · 공간지각력   정답!

분홍색 조각과 같은 모양을
사각형 안에서 찾아 색칠해 보세요.
크기는 다를 수 있어요.

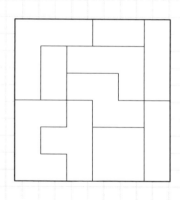

삼각자 2개와 자 1개를 사용하여
정삼각형을 만들어 보세요.

※부록을 활용해요!

 발상력 · 공간지각력

정답!

위 그림과 다른 그림은 무엇일까요?

1   **2**  **3**

 관찰력 · 공간지각력

정답!

서랍을 엎어버렸어요.
개수가 모자란 것은 무엇일까요?

① **②** **③** **④** **⑤** **⑥**

✏️ 집중력 · 관찰력 · 수리력

정답!

가운데 빈칸에 들어갈 것은
①~③ 중 무엇일까요?

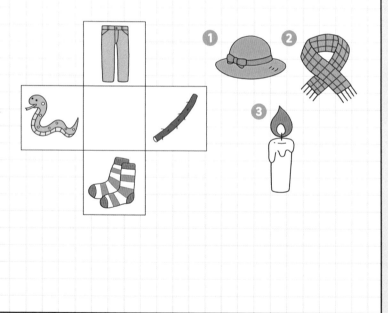

①~③의 그림과 관계 있는 그림을 각각 ㉮~㉰에 선으로 이어보세요.

①

②

③

㉮ **㉯** **㉰**

직관력 · 추론-논리력

정답!

블록이 쌓여 있어요.
화살표 방향에서 보면 어떻게 보일까요?

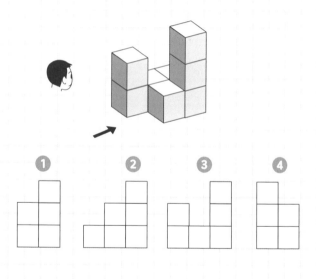

① ② ③ ④

 추론-논리력 · 공간지각력

정답!

미로에서 탈출해요!

 집중력 · 공간지각력

정답!

분홍색 조각과 같은 모양을
사각형 안에서 찾아 색칠해 보세요.

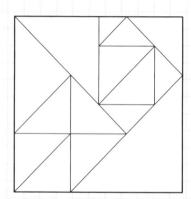

같은 조합은 무엇과 무엇일까요?

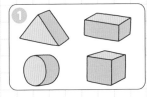

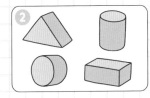

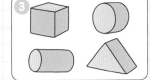

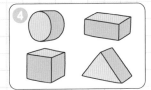

집중력 · 관찰력

정답!

같은 조합은 무엇과 무엇일까요?

①

②

③

④

✏️ 추론-논리력 · 수리력

정답!

전부 더했을 때 금액이
가장 큰 것은 무엇일까요?

집중력 · 수리력

정답!

장난감 상자를 엎었어요.
개수가 모자란 것은 무엇일까요?

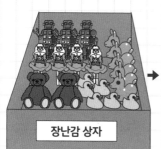

장난감 상자

①

②

③

④

⑤

 집중력 · 관찰력 · 수리력

정답!

우리 아이 첫 사고력 습관 365일력

부록

★ 365+1 정답과 풀이 ★
★ 오려서 활용해요! ★

동양북스

365+1 정답과 풀이

1월 1일~21일

1월 1일

④

2일

3일

유진

4일

②

5일

6일   ③

①은 4개, ②는 3개,
③은 5개, ④는 3개.

7일   2, 4번째

2번째는 입이 크고, 4번째는
얼굴 주위의 색 배치가 달라요.

8일

④

9일

②

10일   ③

①, ②는 4개, ③은 5개,
④, ⑤는 3개.

11일

④

12일

민수

13일   ②

①과 ③은 5개, ②는 4개.

14일

④

15일

②

16일

④

17일

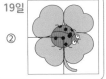

18일

③

19일

②

20일

1, 3, 5, 6번째

1번째는 다리의 방향이 다르고, 3번째
는 가운데 무늬의 색 배치가 달라요.
5번째는 엉덩이 무늬 색 배치가 다르고
마지막 그림은 머리가 작습니다.

21일

④

①은 4개, ②와 ③은 3개,
④는 5개.

1월 22일~2월 14일

22일
유진

23일
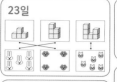

24일

25일
②

26일
②

27일
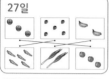

28일
해적1

29일
①

30일
②
①과 ③은 5개, ②는 4개.

31일
③

2월 1일
2번째, 4번째
2번째는 오른쪽 브로콜리 줄기 방향이 다르고 4번째는 왼쪽 브로콜리 방향이 달라요.

2일
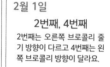

3일
③→①→②→④

4일
④
①은 4개, ②, ③, ⑤는 5개,
④는 8개.

5일
②

6일
②

7일
②
①과 ③은 3개, ②는 5개,
④는 4개.

8일
④

9일
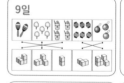

10일
②→③→④→①

11일
③

12일
왼쪽 아래, 오른쪽 위
왼쪽 아래는 세로로 된 꼬리날개가 짧고, 오른쪽 위는 창문 수가 적어요.

13일
유진

14일
④→①→③→②

2월 15일~3월 6일

15일

16일
④
①과 ⑤는 3개, ②는 2개,
③은 4개, ④는 5개.

17일
④
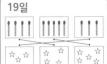

18일

19일

20일
①

21일
②

22일
①→②→④→③

23일
2번째, 5번째

2번째 그림은 줄무늬 방향이 다르고,
5번째는 2개의 하트 색이 달라요.

24일
②

25일
②→④→①→③

26일
②

27일
③

28일
③

29일
⑤
①, ②, ③, ④는 5개,
⑤는 6개.

3월 1일
③
①과 ②와 ④는 3개,
③은 4개.

2일
민수

3일
②→①→④→③

4일
④

5일

6일
④
①, ②, ③은 5개,
④는 6개.

3월 7일~3월 30일

7일
②

8일
①

9일
④→②→①→③

10일
④
①과 ②는 3개, ③은 4개,
④는 5개.

11일

③

12일

13일
③

14일
③

15일
④
①과 ②와 ③은 6개,
④는 7개.

16일
③→④→②→①

17일
⑤
①, ②, ③, ④는 5개,
⑤는 6개.

18일
1번째, 6번째
1번째 그림은 중심축 원 크
기가 다르고, 6번째는 곤돌
라 색이 달라요.

19일

20일
②

21일
③

22일
③

23일
②→③→④→①

24일
③
①과 ④는 3개, ②는 4개,
③은 6개.

25일
③
③은 채소, 나머지는 과일.

26일
②
①과 ④는 3개, ②는 5개,
③은 4개.

27일
②

28일
①→②→③→④

29일
⑤
⑤만 나선의 모양이
시계 방향.

30일
③
잘 모를 때는 직접 해 보세요.

3월 31일~4월 20일

31일
④
블록의 개수가 달라요. ①과
②와 ③은 5개, ④는 4개.

4월 1일
④

2일
②

3일
①

4일
①→④→③→②

5일
②
② 외의 나머지는 악기.

6일
①
블록의 개수가 달라요.
②, ③, ④는 5개, ①은 6개.

7일
④
①, ②, ③, ⑤는 5개,
④는 6개.

8일
②

11일

9일
④
④ 외의 나머지는 물건을
옮길 수 있어요.

10일
③→①→②→④

12일
④
①과 ②와 ③은 6개,
④는 7개.

13일
①-㉣ ②-㉡
③-㉢ ④-㉮

14일
②
비둘기

15일
④

16일
①
잘 모를 때는 직접 해 보세요.

17일 ①→③→②
돼지-지구-구름

18일
③
③의 ㅁ만 왼쪽이 3개,
오른쪽이 2개예요.

19일
②
세로줄…둥근 것
가로줄…가구

20일
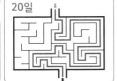

4월 21일~5월 11일

21일
③

22일
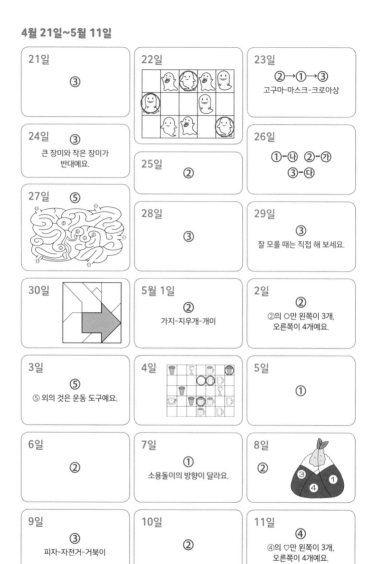

23일
②→①→③
고구마-마스크-크로아상

24일 ③
큰 장미와 작은 장미가
반대예요.

25일
②

26일
①-ⓛ ②-ⓐ
③-ⓒ

27일 ⑤

28일
③

29일
③
잘 모를 때는 직접 해 보세요.

30일

5월 1일
②
가지-지우개-개미

2일
②
②의 〇만 왼쪽이 3개,
오른쪽이 4개예요.

3일
⑤
⑤ 외의 것은 운동 도구예요.

4일

5일
①

6일
②

7일
①
소용돌이의 방향이 달라요.

8일
②

9일
③
피자-자전거-거북이

10일
②

11일
④
④의 ♡만 왼쪽이 3개,
오른쪽이 4개예요.

5월 12일~6월 1일

12일

13일
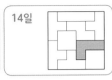
④ ③
① ②

14일

15일
① 5개, ② 6개
③ 8개, ④ 6개

16일
④

17일
①
달팽이의 위치가 달라요.

18일 ③과 ④
비행기-기타-타조-
조개-개미-미로

19일
①

20일
① 5개, ② 7개
③ 6개, ④ 6개

21일 (마)

2	5 6
1 3	
4	8 7

22일

③ ④
②
①

23일
①
①의 ☆만 왼쪽이 4개,
오른쪽이 3개예요.

24일 ④
달팽이 집 소용돌이
방향이 달라요.

25일
①-⑭ ②-⑭ ③-⑳
'난다', '헤엄친다', '걷는다'로
연결할 수 있어요.

26일

27일
① 3개, ② 6개
③ 5개, ④ 6개

28일
①
모자의 ㉮와 ㉯는
길이가 같아요.

29일
④
①
② ③

30일
③

31일
④
④의 ♡만 왼쪽이 4개,
오른쪽이 3개예요.

6월 1일
① 11개, ② 7개
③ 9개, ④ 12개

6월 2일~6월 22일

2일

위에서 4번째 줄, 왼쪽에서 3번째는 입 모양이 달라요.

3일

④

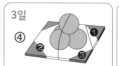

4일

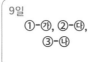

5일

③과 ②

선물-물개-개미-미로-로봇-트럭

6일

7일

8일

②

9일

①-㉮, ②-㉰,
③-㉯

10일   ③

블록의 개수가 달라요.
①과 ②와 ④는 7개, ③은 8개.

11일

12일

⑤

⑤의 △만 왼쪽이 4개,
오른쪽이 5개.

13일   ③

세로줄…나는 것
가로줄…동물

14일

①

15일

②

지붕의 모양이 달라요.

16일   ②

17일

㉰

검정색 화살표 6개,
가운데 흰색 화살표 2개.

18일

③

19일   ①

②와 ⑤, ③과 ④는 같아요.

20일   ①

세로줄…빨간 것
가로줄…먹을 것

21일

22일   ④

8

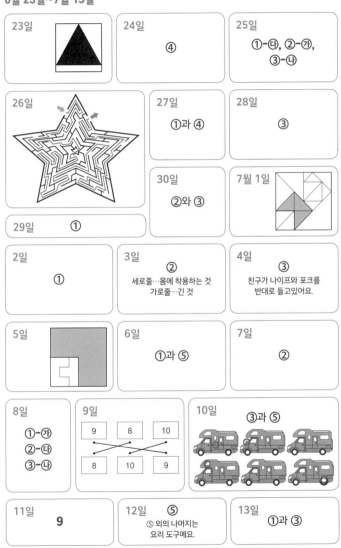

6월 23일~7월 13일

23일

24일
④

25일
①-⑭, ②-㉒,
③-⑭

26일

27일
①과 ④

28일
③

30일
②와 ③

7월 1일

29일 ①

2일
①

3일
②
세로줄…몸에 착용하는 것
가로줄…긴 것

4일
③
친구가 나이프와 포크를
반대로 들고 있어요.

5일

6일
①과 ⑤

7일
②

8일
①-㉒
②-⑭
③-⑭

9일

9	8	10

8	10	9

10일 ③과 ⑤

11일
9

12일 ⑤
⑤ 외의 나머지는
요리 도구예요.

13일
①과 ③

7월 14일~8월 3일

14일
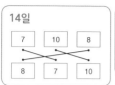

15일

16일
③

17일
②와 ⑤

18일
15개

19일
②

20일
③
세로줄…금속으로 만든 것
가로줄…문구류

21일
③

22일
①
잘 모를 때는
직접 만들어보세요.

23일
낮이기 때문에
(밤이라고는 어디에도
쓰여 있지 않아요.)

24일
②
② 외의 나머지는
몸에 착용하는 거예요.

25일
①

26일
①과 ⑥

27일
②와 ⑤

28일
①
블록의 개수가 달라요. ②와
③과 ④는 8개, ①은 7개.

29일
③과 ④

30일
①
세로줄…두 개가 한 쌍인 것
가로줄…따뜻한 것

31일
17개

8월 1일
④

2일

3일
④
잘 모를 때는
직접 만들어보세요.

8월 4일~8월 24일

4일
③
①과 ②는 길이가 같아요.
직접 자로 한번 재 봐요!

5일
②
블록의 개수가 달라요.
①, ③, ④는 9개, ②는 10개.

6일
②와 ⑤

7일
②

8일 ④

9일
⑤
⑤ 외의 나머지는
물이 있는 곳에 사는 생물.

11일 ①과 ⑤

10일
②
1회 굴리면 180도 회전해요
잘 모를 때는 직접 굴려보세요

12일
③
블록의 개수가 달라요. ①,
②. ④가 13개, ③이 14개.

13일
①과 ④

14일 ①
잘 모를 때는
직접 만들어보세요.

15일

16일
④와 ⑤

17일
④

18일 ③
2회 굴리면 360도 회전해요.
잘 모를 때는 직접 굴려보세요

19일
①

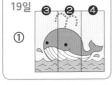

20일 ①과 ④

21일
④
직접 자로 재 봐요!
①~③은 같은 크기예요.

22일

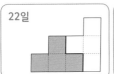

23일
④

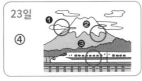

24일
③과 ⑤

8월 25일~9월 14일

25일
③
잘 모를 때는
직접 만들어보세요.

26일

④

27일 ①과 ⑤

28일
②와 ④

29일

③

30일
③
3회 굴리면 한 바퀴 반 회전
하는 것과 같아요. 즉, 180도
회전한 것과 같아요.

31일 ①
자로 재 봐요!
①이 가장
짧고 ②가 가장
길어요.

9월 1일 ①과 ②

2일
④

3일
①
잘 모를 때는
직접 만들어
보세요.

4일
③과 ④

5일
①
②는 몸의
방향이 달라요.

6일
⑪
⑪를 빼면 ㉮, ㉯, ㉰, ㉱
순으로 1개가 돼요.

7일 ②와 ③

8일
③

9일
①과
⑤
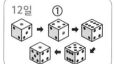

10일
②와 ④

11일
③
직접 자로 재 봐요!
①과 ②는 같은 크기예요.

12일 ①

13일
④
①은
몸의 방향이
달라요.

14일
②

15일
④
직접 자로
재 봐요!

16일

하나의 예시이며
다양한 방법이 있습니다.

17일
②와 ⑥

18일 ②

19일
③
잘 모를 때는
직접 만들어보세요.

20일
①과 ④

21일
②와 ④

22일 ④ 2번

23일
③
잘 모를 때는
직접 만들어보세요.

24일
②
오각형을 따라 1회 굴리면
162도 회전해요. 원래 자리
로 돌아오기까지 총 5회 구
릅니다. 즉, 90도 회전하는
것과 같아요. 잘 모를 때는 직
접 굴려보세요.

25일
⑤

26일
③

28일
④

27일
①과 ④

29일

2일
④
가로 열의 1번째 도형과 2번
째 도형 변의 수(원은 1, 반
원은 2)를 합치면 3번째 도
형 변의 수가 된다. 세로로도
1번째 도형과 2번째 도형 변
의 수를 더하면 3번째 도형
변의 수가 된다.

30일
①
토마토→가지
→오이→당근→
무의 순서로
반복해요.

10월 1일
②와 ③

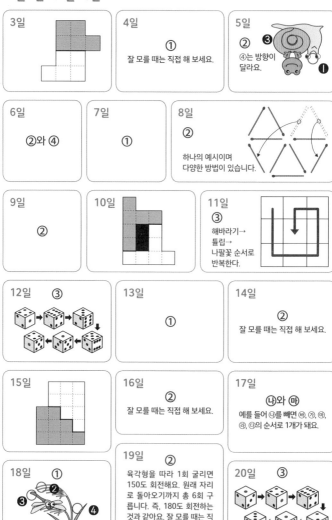

3일

4일

① 잘 모를 때는 직접 해 보세요.

5일

② ③ ④는 방향이 달라요. ❶

6일

②와 ④

7일

①

8일

② 하나의 예시이며 다양한 방법이 있습니다.

9일

②

10일

11일

③ 해바라기→ 튤립→ 나팔꽃 순서로 반복한다.

12일

③

13일

①

14일

② 잘 모를 때는 직접 해 보세요.

15일

16일

② 잘 모를 때는 직접 해 보세요.

17일

⑭와 ⑰

예를 들어 ⑭를 빼면 ⑭, ㉮, ⑰, ㉣, ㉡의 순서로 1개가 돼요.

18일

① ❷ ❸ ④

19일

② 육각형을 따라 1회 굴리면 150도 회전해요. 원래 자리로 돌아오기까지 총 6회 구릅니다. 즉, 180도 회전하는 것과 같아요. 잘 모를 때는 직접 굴려 보세요.

20일

③

21일

따뜻한 물이
식어
차가운 물이
되었다.

22일

하나의 예시이며
다양한 방법이 있습니다.

23일

⑤→④→③→②→①

가장 위가 ⑤인 것은 바로 알 수 있죠? ④
는 ⑤보다 아래에 ③은 ④보다 아래에 있
어요. 같은 크기의 종이니까 ①보다 ②가
위인 것도 유추할 수 있어요.

24일

④

25일

②

잘 모를 때는
직접 해 보세요.

26일

②

가로, 세로, 대각선
변의 수(원은 1, 반
원은 2)를 더하면
15가 돼요.

27일

②

28일

②

29일

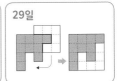

30일 ④

왼쪽 위부터 반시
계방향으로 1칸
건너뛰고, 2칸 건
너뛰고, 3칸 건너
뛰어 들어온다.

31일

④

잘 모를 때는
직접 해 보세요.

11월 1일

①

잘 모를 때는 직접 해 보세요.

2일

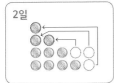

3일

4일

③과 ④

5일

가장 위 ②,
가장 아래 ①.

6일 ⑤

①부터 ④는 ▮▮을 2개
합친 도형. ⑤만 ▮▮을 합
친 도형이에요.

7일

④

8일
②
십자의 중심이 1개씩 대각선 오른쪽 아래로 이동해요.

9일
①
잘 모를 때는 직접 해 보세요.

10일 ①
세로, 가로, 대각선 변의 수(원은 1, 반원은 2)를 더하면 15가 돼요.

11일
하나의 예시이며 다양한 방법이 있습니다.

12일
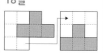

13일
하나의 예시이며 다양한 방법이 있습니다.

14일

15일
③
잘 모를 때는 직접 해 보세요.

16일
④

17일 ③
빨간색 칸은 대각선 위, 대각선 아래에 하나씩 이동하고 다시 돌아와요.

18일

19일
③
잘 모를 때는 직접 해 보세요.

20일 ①
세로로 1번째에서 2번째 수를 빼면 3번째 숫자가 된다.

21일
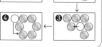

22일
하나의 예시이며 다양한 방법이 있습니다.

23일

24일 ①
잘 모를 때는 직접 해 보세요.

25일
②
잘 모를 때는 직접 해 보세요.

26일
①
잘 모를 때는 직접 해 보세요.

27일
②
솔방울→개구리→단풍잎 순서로 반복한다.

28일

11월 29일~12월 13일

29일

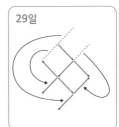

30일 ⑤

소프트콘은 가로줄로 1번째와 2번째를 더하면 3번째 개수가 되고, 세로줄로 1번째에서 2번째를 빼면 3번째 개수가 돼요. 커피는 가로줄로 1번째에서 2번째를 빼면 3번째 개수가 되고, 세로줄로 1번째와 2번째를 더하면 3번째 개수가 됩니다.

12월 1일 ④

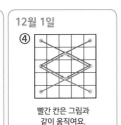

빨간 칸은 그림과 같이 움직여요.

2일 ②

3일

그림과 같이 2장의 판자를 T자 형태로 둡니다.

4일 ④

세로, 가로, 어느 방향으로 더해도 8이 돼요.

5일

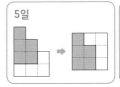

6일 ①

잘 모를 때는 직접 해 보세요.

7일

하나의 예시이며 다양한 방법이 있습니다.

8일 ②

장수풍뎅이→ 나비→애벌레→ 무당벌레 순서로 반복해요.

9일 ①

숫자 1부터 순서대로 마주보고 있어요.

10일

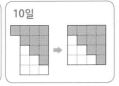

11일 ④

세로, 가로, 어느 방향으로 더해도 10이 돼요.

12일 ②

대각선의 귀퉁이만 2개 겹칩니다.

13일 ①

②부터 ④는 ▉▉을 연결한 도형. ①은 ▉▉과 ▉▉을 연결한 도형이에요.

14일

15일

③

연필→가위
→자→컵→
클립 순서로
반복해요.

16일

꼭짓점만 3개씩 겹칩니다.

17일

④

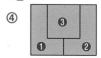

18일

19일

①

세로줄, 가로줄 모두 1번째에서 2번째 수를 빼면 3번째 수가 돼요.

20일

①

태양→구름
→우산→별
→달 순서로
반복해요.

21일

22일

①

세로줄은 1번째 2번째 수를 더하면 3번째 수가 되고, 가로줄은 1번째에서 2번째 수를 빼면 3번째 수가 돼요.

23일

24일

28초

4회 깜빡이는 데에 12초 걸린다는 것은 다음으로 깜빡일 때까지 12÷(4-1)=4초 걸린다는 뜻이에요. 따라서 8회 깜빡이는 데에는 4×(8-1)=28초 걸려요.

25일

⑪

⑪를 빼면 ⑪, ②, ④, ⑤, ④의 순서로 1개가 돼요.

26일

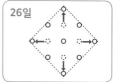

27일

③

튜브→수박→빙수→풍경→
고래 순서로 반복돼요.

28일

29일

③

가로로 3번째 수와 2번째 수를 더하면 1번째 수가 돼요.
세로줄은 법칙이 없어요.

30일

①

31일

4분의 1

그림과 같이
원을 돌려보면
바로 알 수 있어요!

오려서 활용해요!

※정답을 찾았다면 직접 오려서 빈칸에 맞춰보세요.

1월 19일 활용

1월 29일 활용

2월 17일 활용

2월 28일 활용

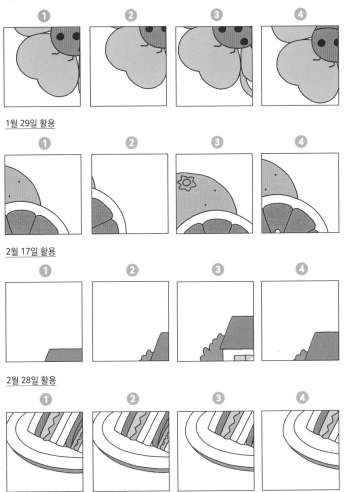

※정답을 찾았다면 직접 오려서 빈칸에 맞춰보세요.

3월 4일 활용

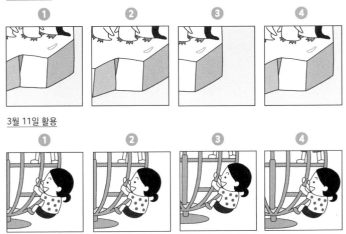

3월 11일 활용

※정답을 찾았다면 필요한 조각만 오려서 그림을 완성해 보세요.

4월 1일

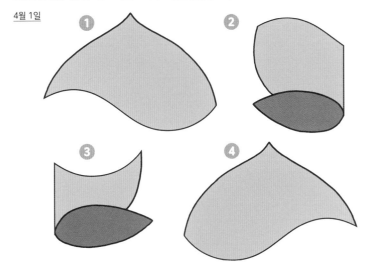

※정답을 찾았다면 필요한 조각만 오려서 그림을 완성해 보세요.

<u>5월 8일 활용</u>

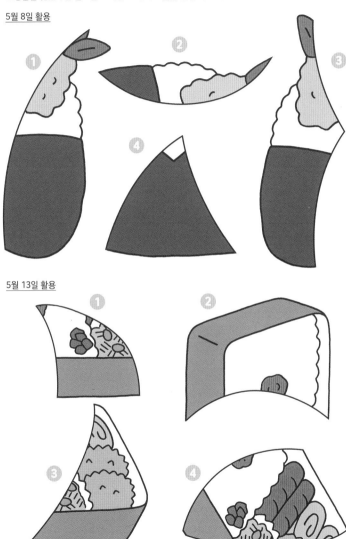

<u>5월 13일 활용</u>

※정답을 찾았다면 필요한 조각만 오려서 그림을 완성해 보세요.

<u>5월 22일 활용</u>

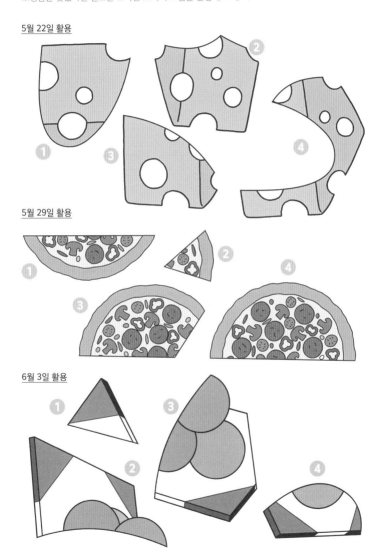

<u>5월 29일 활용</u>

<u>6월 3일 활용</u>

※정답을 찾았다면 정말 딱 맞는지 직접 오려서 맞춰보세요. 모자는 가로세로 길이가 같아요.

6월 23일 활용

※삼각형 만들기

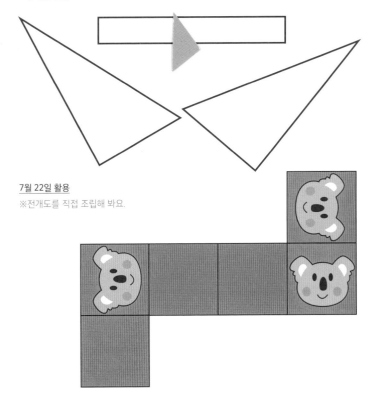

7월 22일 활용

※전개도를 직접 조립해 봐요.

오려서 활용해요!　　　　　　　　　　　　　　　　　　　　　　　　　27

※전개도를 직접 조립해 봐요.

<u>8월 3일 활용</u>

<u>8월 14일 활용</u>

<u>8월 25일 활용</u>

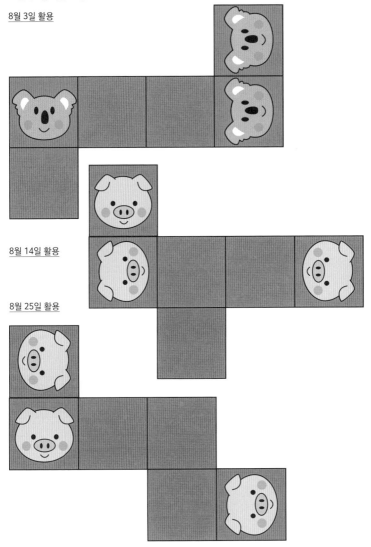

※전개도를 직접 조립해 봐요.

9월 3일 활용

9월 19일 활용

8월 10일, 18일, 30일 활용   9월 24일, 10월 19일 활용

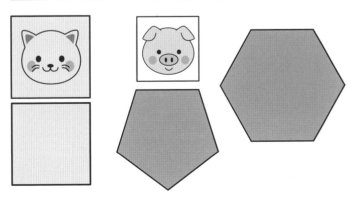

오려서 활용해요!